ABHANDLUNGEN DER DEUTSCHEN AKADEMIE
DER WISSENSCHAFTEN ZU BERLIN

Klasse für Mathematik, Physik und Technik
Jahrgang 1959 Nr. 4

KOLLOQUIUM
ENERGIEWIRTSCHAFT UND ÖKONOMIE

der Sektion für Maschinenbau der Deutschen Akademie der Wissenschaften zu Berlin
am 22. Oktober 1958 im Pumpspeicherwerk Niederwartha

Mit 14 Abbildungen

AKADEMIE-VERLAG · BERLIN
1959

Vorgelegt von Hrn. Jante in der Gesamtsitzung vom 5. März 1959 im Einvernehmen mit der Klasse für Philosophie, Geschichte, Staats-, Rechts- und Wirtschaftswissenschaften
Druck genehmigt am gleichen Tage, ausgegeben am 30. Dezember 1959

Erschienen im Akademie-Verlag GmbH, Berlin W 1, Leipziger Straße 3–4
Lizenz-Nr. 202 · 100/757/59
Gesamtherstellung: Druckhaus „Maxim Gorki", Altenburg
Bestell-Nr. 2001/59/I/4 · Preis DM 7,30
Printed in Germany
ES 20 D 1

INHALTSVERZEICHNIS

Seite

W. PAUER
Kurzreferat über ökonomische Fragen auf dem Gebiet der Energiewirtschaft 5

H. STIMMEL
Kurzbericht zum Kolloquium 7

G. SCHMIDT
Der Charakter kapitalistischer Wirtschaftlichkeitsrechnungen 9

A. BORDAG
Zu einigen Fragen des ökonomischen Nutzeffektes im Sozialismus 17

H.-J. HILDEBRAND
Die Ermittlung des Nutzeffektes von Investitionen der Energieversorgung 22

Diskussionsbeiträge zum Kolloquium 40

Fortsetzung der Diskussion am 1. 11. 58 47

Kurzreferat

über ökonomische Fragen auf dem Gebiet der Energiewirtschaft

W. Pauer

Die übliche wirtschaftliche Beurteilung technischer Anlagen durch Ingenieure ist dadurch gekennzeichnet, daß bei technisch gleichwertigen Ausführungen *die* Anlage als wirtschaftlich angesehen wird, bei der die Summe der auf das Jahr bezogenen Investitionskosten und der Betriebskosten möglichst klein wird. Diese Beurteilungsmethode wird heute vielfach mit der Begründung angegriffen, sie entspreche der kapitalistischen Denkweise. In der sozialistischen Wirtschaft müsse untersucht werden, wie mit einem Mindestaufwand an vergegenständlichter und lebendiger Arbeit ein höchster Nutzeffekt für die Gesellschaft erzielt werde.

Es fehlen aber bisher klare, dem Ingenieurdenken angepaßte Anweisungen, nach denen die Beurteilung verschiedener Ausführungsformen ebenso eindeutig wie nach dem bisherigen System möglich ist. Bei dieser Sachlage beschränken sich Ingenieure und Projektierungsbüros auf rein technische Darlegungen und überlassen es der prüfenden Stelle, die Frage der wirtschaftlichen Auswahl zu entscheiden. Man wählt sehr häufig die billigste Ausführung, ohne übersehen zu können, daß diese auf die Dauer gesehen eine Vergeudung an Volksvermögen darstellt.

Diese Schwierigkeiten kamen in der Sektion Maschinenbau der Deutschen Akademie der Wissenschaften zu Berlin wiederholt zur Sprache und es fanden im Winter 1957/1958 eine Reihe von Aussprachen zwischen Angehörigen der Fakultät für Maschinenwesen und der Fakultät für Ingenieurökonomie der T. H. statt, die bezweckten, zunächst die verschiedenen Auffassungen zu klären und dann Wege zu einer einheitlichen Beurteilung in der sozialistischen Wirtschaft zu finden.

Die Schwierigkeiten, die zunächst auch bei diesen Aussprachen zutage traten, liegen vor allem darin, daß Ingenieure und Ökonomen entsprechend ihrer vorwiegend auf technische und ökonomische Fragen gerichteten Tätigkeit eine verschiedene Sprache sprechen. Gleiche Begriffe verbergen sich oft hinter unterschiedlichen Worten, oder es werden auch ganz verschiedene Begriffe durch das gleiche Wort ausgedrückt. Eine Klärung dieser Fragen dürfte besonders dann nicht schwierig sein, wenn man sich darüber klar ist, daß der sprachliche Ausdruck kein Bekenntnis zu einer bestimmten Wirtschaftsordnung darstellt. Schon die Klärung der sprachlichen Schwierigkeiten wird eine ganze Reihe von Mißverständnissen beseitigen, auf Grund derer Veröffentlichungen oder Äußerungen ein ganz anderer Sinn unterstellt wird als tatsächlich beabsichtigt ist.

Die sachliche Zusammenarbeit zwischen Ingenieuren und Ökonomen wird weiterhin dadurch außerordentlich erleichtert, wenn wir zunächst einmal prüfen, welche verschiedenen Gesichtspunkte im kapitalistischen und im sozialistischen Wirtschaftssystem bei Wirtschaftlichkeitsuntersuchungen zu beachten sind. Es kann sich nicht etwa darum handeln, einen Mittelweg zwischen beiden Systemen zu finden, sondern vielmehr zu prüfen, wie weit der Weg gemeinsam geht und wo sich die Wege trennen. Ich möchte das anhand eines Beispiels zeigen, das diesem Kreis besonders naheliegt.

Es soll die Frage geprüft werden, wieviel neue Kraftwerke errichtet werden müssen, um den innerhalb einer gewissen Zeit zu erwartenden Stromzuwachs zu decken.

An die Lösung dieser Aufgabe wird man in einem Land mit sozialistischer Wirtschaftsordnung unter ganz anderen Voraussetzungen herantreten als in einem solchen mit kapitalistischer Ordnung. Im sozialistischen System wird das Wachstum der Industrie in ihren verschiedenen Zweigen in dem betrachteten Zeitraum festgelegt, es wird die zu erreichende Höhe der Produktivkraft und die dadurch bedingte Steigerung der Kaufkraft der Bevölkerung geplant. Sind diese Pläne richtig aufeinander abgestimmt, so kann daraus der zu erwartende Zuwachs an Strombedarf und die Größe der neuen Kraftwerksleistung berechnet werden. Natürlich muß mit gewissen Abweichungen von dem Planziel nach oben oder unten gerechnet werden, die durch die rasch fortschreitende technische Entwicklung, durch Änderungen der wirtschaftlichen Voraussetzungen oder auch durch nicht vorhersehbare Naturereignisse bedingt sein können. Die Planausführung muß sich diesen Gegebenheiten elastisch anpassen können.

In kapitalistischen Ländern wird die Entwicklung des Energiebedarfs weitgehend von der Konjunktur beeinflußt werden. Als Grundlage wird man die sehr unsicheren Konjunkturforschungen wählen und aus sorgfältigen Statistiken über den Zusammenhang zwischen Entwicklung des Energieverbrauchs mit der Konjunktur auf den zu erwartenden Neubaubedarf schließen. Da die Genauigkeit der Schätzung geringer als die der Planung ist, muß man besonders auf eine elastische Anpassung des Kraftwerkbaus an die Entwicklung des Kraftbedarfs bedacht sein.

In beiden Wirtschaftssystemen werden also derartige Überlegungen zur Festlegung der Größe der neu zu bauenden Werke führen. Es ist klar, daß diese Überlegungen vollkommen verschiedenartig sind und daß man unmöglich die Gedankengänge und die Arbeitsmethoden von dem einen System auf das andere übertragen kann. Aber nachdem die technische Aufgabe gestellt ist, stimmen die technischen und die wirtschaftlichen Überlegungen weitestgehend überein. Sie sind vielmehr durch die örtlichen Gegebenheiten als durch das Wirtschaftssystem bedingt. Es handelt sich darum, die gestellte technische Aufgabe mit einem Mindestaufwand an zu investierenden Mitteln und laufenden Betriebskosten zu lösen. Numerisch mögen die einzelnen Posten verschieden bewertet werden. Im kapitalistischen System arbeitet man im allgemeinen mit kürzerer Abschreibungsdauer, das Anlagekapital muß außerdem verzinst werden, im sozialistischen System ist daher der Einfluß der Anlagekosten geringer als der der Betriebskosten. Das grundsätzliche Rechnungsverfahren zur Ermittlung der optimalen Lösung ist aber identisch. Der beste Beweis für die Richtigkeit dieser Behauptung scheint mir zu sein, daß sich der Bau von Wärmekraftanlagen in den Exponenten beider Wirtschaftssysteme, in den USA und in der UdSSR, im Aufbau und im Wirkungsgrad gleichartig entwickelt hat.

Die mit technischen Überlegungen gekuppelten wirtschaftlichen Betrachtungen erstrecken sich natürlich nicht nur auf das Kraftwerk im ganzen, sondern bei jedem Einzelteil, für den mehrere technische Lösungen möglich sind, muß die wirtschaftliche gewählt werden. Auch diese Überlegungen werden nicht durch das Wirtschaftssystem beeinflußt, wohl aber kann es notwendig sein, bewußt von der Lösung mit geringsten Gesamtkosten abzuweichen, weil besondere Verhältnisse vorliegen. So muß man z. B. auf höchsten Wirkungsgrad verzichten, da die hierfür notwendigen Werkstoffe nicht im eigenen Land hergestellt werden, oder es müssen mit Rücksicht auf kurze Bauzeit Ausführungen gewählt werden, die nicht zum wirtschaftlichen Optimum führen. Man sollte sich aber in diesen Fällen immer überzeugen, wie groß die Abweichung ist.

Zusammenfassend kann gesagt werden, daß die Ermittlungen, die zur Stellung einer technischen Aufgabe führen, in beiden Wirtschaftssystemen grundsätzlich verschiedene Arbeitsmethoden erfordern, daß aber die wirtschaftliche Ausführung für eine technisch gegebene Aufgabe nach den gleichen Arbeitsmethoden unabhängig vom Wirtschaftssystem gefunden werden kann.

Kurzbericht zum Kolloquium

H. Stimmel

Betr.: Gestehungskosten der Stromerzeugung.

Die Selbstkosten für die Stromerzeugung errechnen sich bekanntlich aus

1. Festen Kosten	(Investkosten, früher Kapitaldienst genannt),
2. Beweglichen Kosten	(Betriebskosten, resultierend aus Brennstoffkosten, Produktionslöhne, Gemeinkosten, Reparatur- und Instandhaltungskosten).

Der Strompreis für mittlere Betriebe und Großabnehmer wurde errechnet aus dem Leistungspreis (Feste Kosten) und dem Arbeitspreis (Bewegliche Kosten). Für die heutige Diskussion interessiert die Errechnung der festen Kosten (Investkosten) und der Anteil der Brennstoffpreise an den beweglichen Kosten.

Früher errechneten sich die festen Kosten aus

Zinsen	5,7%
Abschreibungen	3,0%
Steuern	3,0%
Erneuerungen	1,3%
insgesamt	13,0%

Die Bauzinsen wurden ebenfalls zu 5,7% errechnet.

Bei den Erstellungskosten für Wärmekraftwerke von etwa 300 M je kW abgebbarer Leistung 100 kV-seitig ergab sich ein Leistungspreis von 39 DM/kW. Der Anteil an festen Kosten je kWh war dann ausschließlich von den Benutzungsstunden abhängig und betrug z. B. bei 2000 Benutzungsstunden 2,0 Pfg./kWh, bei 3000 Benutzungsstunden 1,3 Pfg./kWh und bei 6000 Benutzungsstunden 0,65 Pfg./kWh.

Der Syndikatspreis für Rohkohle betrug z. B.

Grube Böhlen	3,49 DM/t
,, Hirschfelde	3,33 DM/t
,, Niederlaus.	2,40 DM/t.

Für Kraftwerke wurden erhebliche Nachlässe bis zu 30% eingeräumt. Qualitätsunterschiede (Wärmepreis) wurden offiziell nicht berücksichtigt.

Der Arbeitspreis lag bei rund 1,0 Pfg./kWh unter der Voraussetzung, daß alle beweglichen Kosten (auschließlich Brennstoffkosten) 0,70 Pfg./kWh nicht überschritten wurden.

Mit diesen Unterlagen bestand eine gute Ausgangsbasis für Wirtschaftlichkeitsrechnungen aller Art, besonders für Betriebsverbesserungen, deren Einfluß auf die festen und beweglichen Kosten einfach zu errechnen war.

Nach den mir zugänglichen Unterlagen (Preisanordnungen für Großabnehmer mit Bezug von mindestens 25 kW und mindestens 50000 kWh im Jahr) bestehen zur Zeit folgende Verkaufspreise:

Leistungspreis 75 DM/kW,

wobei Leistungsüberschreitungen in der Nachtzeit, also von 22 bis 6 Uhr, ohne Einfluß auf die Berechnung des Leistungspreises bleiben. Bei Minderabnahme in der Spitzenzeit wird ein Nachlaß von 15 DM/kW gewährt.

Dabei muß die Leistung mit einem $\cos \varphi = 0{,}85$ bezogen werden, anderenfalls ein Zuschlag auf den Arbeitspreis erfolgt, z. B. bei Bezug mit $\cos \varphi = 0{,}7$ ein Zuschlag von 0,57 Pfg./kWh.

Der Arbeitspreis beträgt grundsätzlich 2 Pfg./kWh.

Über die Kalkulation der Erzeugungspreise im Kraftwerk liegen folgende Unterlagen vor: Die festen Kosten (Investkosten) werden nur durch die Abschreibung berücksichtigt. Diese liegt je nach der unterschiedlichen Lebensdauer zwischen 3 bis 4%. Es wurde bereits an anderer Stelle darauf hingewiesen, daß dieser Satz zu gering ist und im Hinblick auf eine erweiterte Reproduktion mindestens 8 bis 9% berechnet werden müßten.

Meiner Ansicht nach bieten diese Sätze keine Basis für Wirtschaftlichkeitsrechnungen für Neubauten und Reproduktionen.

Für den Arbeitspreis in bezug auf Brennstoffkosten werden für die Tonne Rohkohle je nach dem Aufwand für den Zwischentransport 3,40 DM bis 4,24 DM eingesetzt. Es ergeben sich hieraus anteilige Brennstoffkosten in Höhe von 0,5 bis 0,9 Pfg./kWh. Auch dieser Preis ist nicht ganz real, da die Kosten für die Rohkohle, insbesondere wenn man Tagebauneuaufschlüsse berücksichtigt, zu niedrig erscheinen und somit für Wirtschaftlichkeitsberechnungen keine volkswirtschaftlich einwandfreie Basis ergeben.

Abschließend ist zu sagen, daß einfache und klare Unterlagen für Wirtschaftlichkeitsrechnungen beim Neubau und bei der Rekonstruktion von Stromerzeugungsanlagen für unsere sozialistische Wirtschaft erforderlich sind. Hierzu müßte m. E. die Bewertung der Festen Kosten und der Brennstoffkosten einer eingehenden Überprüfung unterzogen werden.

Der Charakter kapitalistischer Wirtschaftlichkeitsrechnungen[1])

G. Schmidt

Wir alle haben in dieser oder jener Form bei der Schaffung der Grundlagen des Sozialismus unseren Beitrag geleistet. Die neuen Verhältnisse der Produktion — das Volkseigentum an den wichtigsten Produktionsmitteln — haben uns gelehrt, daß die sozialistische Wirtschaft vor allem eine sparsame Form des Wirtschaftens darstellt. Es ist uns mittlerweile geläufig geworden, die materiellen Vorräte unseres Staates und die uns zur Verfügung stehenden Arbeitskräfte unter dem Gesichtspunkt größter Sparsamkeit einzusetzen. Besonders die letzten Jahre haben auch im Kreise der Techniker immer mehr den Gedanken Fuß fassen lassen, daß es nicht auf eine Produktion um jeden Preis ankommt, sondern daß es vielmehr darum geht, die Bedürfnisse der Menschen mit möglichst niedrigen Kosten zu befriedigen. Das ist auch der Grund, weshalb mancher Techniker in seinem Bemühen, sparsam zu projektieren, zu investieren und zu produzieren, zu alten Methoden der Wirtschaftlichkeitsrechnungen gegriffen hat. Das Heranziehen der aus dem Kapitalismus bekannten Wirtschaftlichkeitsrechnungen ist auf verschiedene Ursachen zurückzuführen. Einmal hat der erfahrene Techniker unserer Tage im allgemeinen seine Ausbildung unter kapitalistischen Verhältnissen bekommen, in denen ihm die kapitalistische Wirtschaft als zeitlose Wirtschaft „an sich" dargestellt wurde, und zum anderen trifft er heute in größerem Umfange auf Begriffe, die sich in ihrer Form von denen im Kapitalismus nicht unterscheiden. Er hört etwas von Kosten, von Abschreibungen, von Krediten, Zinsen und dergleichen mehr. Gemeinsam mit der Vorstellung von der Zeitlosigkeit der Wirtschaft besteht vielfach der Eindruck, daß die formal identischen Begriffe diese auch im Inhalt sein müssen. Außerdem ist die Diskussion über den neuen Inhalt unserer ökonomischen Kategorien noch nicht in genügendem Maße geführt worden. Um so mehr muß man es begrüßen, wenn an dieser Stelle dem Bedürfnis nach einer Klarstellung des Fragenkomplexes der Wirtschaftlichkeit im Sozialismus Rechnung getragen wird. Man kann nur hoffen, daß die hier gewünschte Aussprache einen Beitrag dazu liefern wird, daß sich unsere Techniker und unsere Ökonomen in Zukunft in noch höherem Maße zur gemeinsamen Aktion an der gemeinsamen Sache zusammenfinden werden.

Wenn wir uns jetzt der kapitalistischen Wirtschaftlichkeitsrechnung zuwenden, so soll das unter dem Gesichtspunkt erfolgen, ob diese Methoden unter den Bedingungen des sozialistischen Aufbaus Verwendung finden können oder nicht.

Die Kompliziertheit des Produktionsprozesses unter den Bedingungen der kapitalistischen Produktionsverhältnisse, hervorgerufen durch die Vergesellschaftung der Produktion und die Kooperation der Arbeitskräfte bei Anwendung moderner Technik, führte zur Herausbildung bestimmter Organisationsmittel. Sie stellten gegenüber früheren Produktionsweisen einen bedeutenden Fortschritt dar und wurden im Interesse der Profiterzielung angewandt. Diese Organisationsmittel — wir kennen sie in Form der Grundzüge bei der Betriebsabrechnung und Kalkulation und aus den Zeit- und Bewegungsstudien bei der Stückzeitermittlung (um

---

[1]) Der vorliegende Vortrag ist eine veränderte und gekürzte Fassung des Beitrages: G. Schmidt, „Wirtschaftlichkeitsrechnungen im Kapitalismus", Wissenschaftliche Zeitschrift der TH Dresden 1957/58, Heft 4.

nur einige zu nennen) — muß man, soweit sie den technischen Bedingungen der gesellschaftlichen Produktion entspringen, auch in die Organisation des sozialistischen Betriebes übernehmen. Daneben gibt es jedoch auch gewisse Organisationsprinzipien, die historisch auf die kapitalistische Produktionsweise beschränkt sind. Sehen wir uns an, zu welcher Gruppe die Wirtschaftlichkeitsrechnungen kapitalistischer Betriebe gehören.

Zunächst müssen wir einen Blick auf die Situation im Kapitalismus werfen, in dem zwischen dem einzelnen Betrieb und der Gesamtwirtschaft ein nicht zu überbrückender Gegensatz besteht. Die Entwicklungsgeschichte des kapitalistischen Betriebes ist ein Teil der Entwicklungsgeschichte des privaten Eigentums an den Produktionsmitteln. Der Produktionsprozeß wurde im Laufe der Geschichte durch die gesellschaftliche Arbeitsteilung bei Anwendung moderner Technik in zunehmendem Maße vergesellschaftet. Hierbei wurde im Kapitalismus die gesellschaftliche Produktion, bei der jeder von jedem abhängig ist, durch private Eigentümer der Betriebe geleistet, obwohl die Aneignung der Ergebnisse der Produktion privaten Charakter behielt. Darin liegt der Hauptwiderspruch der kapitalistischen Produktionsweise, bei der im Vordergrund aller betrieblichen Handlungen das individuelle Profitstreben steht. Unter diesen Umständen gibt es keine Möglichkeit, die Gesamtwirtschaft in ihren einzelnen Zweigen und Betrieben zu planen, sie zu koordinieren und kontinuierlich in den notwendigen Proportionen zu entwickeln. Ausdruck dieser Situation sind Krisen, Konkurse, Unterbelastungen der Produktionsanlagen und Vernichtung von Produkten zum Zwecke höherer Profiterzielung. Daran ändern auch die Eingriffe des kapitalistischen Staates nichts. Diese staatlichen Aktionen tragen stets den Absichten der ökonomisch mächtigsten Kapitalgruppen Rechnung. Monopolbildung und staatliche Eingriffe heben den Widerspruch nicht auf, sondern verschärfen ihn noch, indem der Konkurrenzkampf innerhalb der Monopole, zwischen ihnen und zwischen ihnen und den nicht monopolisierten Zweigen weitergeht. Die internationalen Kapitalverflechtungen führen darüber hinaus noch zu dem Ergebnis, daß die in einem Land ausbrechende Krise im kapitalistischen Weltsystem ihre Kettenreaktion auslöst. In dem Kampf unterliegen täglich zahlreiche Betriebe und werden zur Einstellung ihrer Produktion gezwungen.

Die Bedürfnisse der Gesellschaft und deren Befriedigung werden im Kapitalismus auf dem Markt sichtbar. Das Fehlen einer Planwirtschaft verhindert die bürgerlichen Ökonomen, diesen Markt zuverlässig einschätzen zu können. Er ist kein Spielplatz von Angebot und Nachfrage, sondern auf ihm wird die Tragik des Kapitalismus sichtbar; denn hier stößt die dem Kapitalismus eigene Tendenz zur unbeschränkten Ausdehnung der Produktion auf die Schranke der begrenzten Aufnahmefähigkeit, die das Ergebnis der ständigen mindestens relativen Abnahme der kaufkräftigen Nachfrage der Konsumenten darstellt. Diese kaufkräftige Nachfrage bestimmt aber letzten Endes die Rentabilität des kapitalistischen Betriebes, denn nicht absetzbare Produktion ist gleichbedeutend mit Verlust. Auf dem Markt treten sich Verkäufer und Käufer von Waren gegenüber. Auf ihm wird zu Preisen verkauft und zu Preisen gekauft. Die Preise bilden sich spontan auf der Grundlage des im Kapitalismus unbeschränkt wirkenden Wertgesetzes. In der Praxis des Kapitalismus heißt das, daß die Waren sich prinzipiell zu ihren Produktionspreisen austauschen. Dieser Produktionspreis besteht aus den Kosten für angewandte Produktionsmittel und Arbeitskraft, sowie aus dem Durchschnittsprofit. Die individuell erzielten Preise weichen auf dem Markt nach oben oder nach unten von ihm ab, wobei sie in ihrer Summe der Summe der Produktionspreise entsprechen. Beim Bestehen von Monopolen liegen infolge der ökonomischen Stärke die Preise in der Regel über dem Produktionspreis, wobei die nicht monopolisierten Zweige logisch ihre Waren unter dem Produktionspreis abgeben müssen. Auf diese Weise erzielen sie zwar noch Profit, aber nicht mehr in der Höhe des Durchschnittsprofits. Auch die Monopolpreise sind in ihrer Höhe nicht konstant, sondern unterliegen ebenfalls bedeutenden Schwankungen.

Diese unsicheren Preise spielen als Grundlage kapitalistischer Wirtschaftlichkeitsrechnungen die überragende Rolle. Es ist verständlich, daß diese Wirtschaftlichkeitsrechnungen genauso labil sein müssen, wie die ihnen zugrunde liegenden Preise. Aber nicht nur die Preise sind labil, sondern die gesamte kapitalistische Wirtschaft trägt diesen Zug. Selbst die bürgerliche Ökonomie kann nicht umhin, zuzugeben, daß die Kenntnis für die Schätzung des ökonomischen Effekts für die absehbar nächste Zeit außerordentlich gering und häufig überhaupt nicht zu gewinnen ist.

Selbst J. M. KEYNES, einer der Hauptverteidiger des modernen Kapitalismus, mußte zugeben, daß heute der tatsächliche private Zweck der geschickten Investition darin liegt,

> „... schlauer zu sein als die Masse, und das schlechte oder sich entwertende Geldstück an den Nächsten abzustoßen.“[2]

Der Kapitalismus der Gegenwart ist brutaler Existenzkampf, bei dem der ökonomisch Schwächere unterliegt. Auch E. SCHNEIDER, Experte auf dem Gebiet kapitalistischer Wirtschaftlichkeitsrechnung, sieht die Schwierigkeiten jeder Wirtschaftlichkeitsrechnung im Kapitalismus. Er schränkt seine empfohlenen Methoden dadurch ein, daß er von vornherein auf die Unsicherheit der zu berücksichtigenden Zahlen verweist.[3]) Er bemerkt ausdrücklich, daß die Unsicherheit der nächsten Zukunft den Investor überhaupt von jeder Investition abhalten kann, und daß diese allgemeine Unsicherheit die entscheidende Rolle bei der Aufstellung von Investitionsplänen der Betriebe spielt. Als Mittel, diese Unsicherheit zu paralysieren, schlägt SCHNEIDER vor, die in seine Wirtschaftlichkeitsrechnungen eingehenden Zahlen willkürlich mit einem gewissen Sicherheitsfaktor zu versehen. Aus der allgemeinen Unsicherheit der kapitalistischen Zukunft sieht SCHNEIDER noch eine Reihe von Imponderabilien, die bei der Auswahl und bei grundsätzlichen Entscheidungen im Kapitalismus fast immer den Ausschlag geben. Diese Imponderabilien sind im wesentlichen Erfordernisse des Kampfes gegen die Arbeiterklasse, finanztechnische Erwägungen typisch kapitalistischer Prägung, sowie psychologische Momente wie z. B. die augenblickliche Mentalität und Unternehmungslust des Kapitalisten. Der bereits erwähnte KEYNES leitet uns ebenfalls zu den Imponderabilien, indem er mehrere Arten von Risiken beschreibt, die geeignet erscheinen, die Investitionstätigkeit entscheidend zu beeinflussen. Das erste Risiko sieht er bereits in den eigenen Zweifeln des Unternehmers, die er in das voraussichtliche Ergebnis seiner Produktion setzt. Durch die Geld- und Kreditbeziehungen tritt ein weiteres Risiko in Form des Gläubigerrisikos hinzu, daß in der Ungewißheit besteht, ob der Investor als Schuldner ihm gegenüber in der Lage ist, seine Verbindlichkeiten ordnungsgemäß zu erfüllen.

Dieser kurze Überblick über die Situation und die Einschätzung der kapitalistischen Produktionsweise läßt offenbar schon hier zwei Schlußfolgerungen zu.

1. Der sozialistische Betrieb unterscheidet sich vom kapitalistischen Betrieb vor allem darin, daß er als Rechtsträger von Volkseigentum ein organischer Bestandteil der Gesamtwirtschaft und mit ihr durch die Planung untrennbar verbunden ist. Seine Aufgabe besteht darin, seinen Beitrag zur Erfüllung gesamtwirtschaftlicher Vorhaben zu leisten. Dadurch erweitert sich die ökonomische Betrachtungsweise um spezifisch sozialistische Elemente, die dem Kapitalismus wesensfremd sind.

2. An die Stelle unwägbarer und spontaner Markteinflüsse und sonstiger Imponderabilien treten die exakten Daten der Planung und die Gesichtspunkte der ständigen und proportionalen Entwicklung der Volkswirtschaft zugunsten der gesamten Gesellschaft. Es gibt keine Risikoerwägungen und Sicherheitskoeffizienten, die im Kapitalismus der anarchischen

---

[2]) J. M. KEYNES, Allgemeine Theorie der Berechnung des Zinses und des Geldes, Berlin 1955, S. 126.

[3]) E. SCHNEIDER, Wirtschaftlichkeitsrechnung, Bern/Tübingen 1951.

Produktionsweise entsprangen. Die neu geschaffenen Klassenbeziehungen vereinen die ausbeutungsfreie Gesellschaft zum Zwecke der Erhöhung des allgemeinen Wohlstandes.

Wenden wir uns nun den konkreten Fragen der Wirtschaftlichkeit und ihren Berechnungen im Kapitalismus zu. Bereits der Begriff der Wirtschaftlichkeit wird bei den Repräsentanten der kapitalistischen Betriebswirtschaftslehre außerordentlich gegensätzlich dargestellt. Im allgemeinen wird eine Unterscheidung zwischen der betrieblichen Wirtschaftlichkeit und der Gesamtwirtschaftlichkeit oder gemeinwirtschaftlichen Produktivität getroffen, wobei zur betrieblichen Wirtschaftlichkeit in der Literatur untrennbar die Rentabilität gehört. Doch sehen wir uns diese Beziehungen etwas näher an.

Wie verhalten sich betriebliche Wirtschaftlichkeit und Rentabilität zueinander? Zieht man das Fazit aus der Summe der einzelnen Definitionen der betrieblichen Wirtschaftlichkeit, so kommt man ganz allgemein zu der Feststellung, daß es sich darum handelt, mit dem geringsten Aufwand den größten Ertrag zu erzielen. Das heißt, es kommt darauf an, mit den möglichst niedrigsten Ausgaben die möglichst höchsten Einnahmen zu erzielen. Spiegelbild der betrieblichen Wirtschaftlichkeit ist hierbei der Gewinn.

Nun ist selbstverständlich die absolute Höhe des Gewinns in bezug auf die Wirtschaftlichkeit des Betriebes völlig nichtssagend. Sie hat nur Aussagekraft in Relation zum eingesetzten Kapital oder zu den Kosten als dem Ausdruck des verausgabten Kapitals. Man kann hier nur kurz andeuten, daß der materielle Inhalt des Kostenbegriffs im Kapitalismus durch die Hereinnahme einiger Profitbestandteile wie etwa der Zinsen für Fremdkapital, der kalkulatorischen Kosten oder der Steuern ein sehr unscharfes Bild angeblicher Wirtschaftlichkeit entstehen lassen muß. Von einer realen Gegenüberstellung von Profit und Kosten kann dabei natürlich keine Rede sein. Außerdem liest man in der kapitalistischen Betriebswirtschaftslehre, daß das Verhältnis vom Gewinn zum eingesetzten Eigenkapital die Rentabilität des Betriebs ausdrückt. Es ist bekannt, daß der Durchschnittsprofit eines Zweiges als unterste Stufe dessen angesehen wird, was der Kapitalist unter Rentabilität versteht. Der Durchschnittsprofit wird jedoch in der Regel als Gewinn des kapitalistischen Betriebes überhaupt nicht sichtbar. Die Zinsen für aufgenommenes Fremdkapital, die kalkulatorischen Zinsen für das Eigenkapital sowie beispielsweise die Steuern werden als Kostenbestandteile kalkuliert. Erst der die Gesamtkosten einschließlich der genannten und anderer fälschlich als Kosten deklarierter Profitbestandteile überschießende Profit ist der sogenannte Gewinn. Als der über den Durchschnitt hinausgehende Profit ist er demzufolge nur ein Teil der Gesamtmasse des Profits. Er drückt im Verhältnis zum Eigenkapital die Rentabilität aus, wobei es gleichgültig sein dürfte, ob man *diese* Relation oder — wie in der Regel — die Relation zum Gesamtkapital als Ausdruck wählt. Es gibt also praktisch tatsächlich keinen Unterschied zwischen der betrieblichen Wirtschaftlichkeit und der Rentabilität.

Die Sache ist natürlich noch komplizierter, wenn man zu dieser Frage weitere bürgerliche Ökonomen konsultiert. Ein Querschnitt durch die Auffassungen läßt folgende Ausdeutung der verschiedenen Vorstellungen zu: betriebliche Wirtschaftlichkeit ist ganz allgemein die *Möglichkeit*, von der Gesellschaft benötigte Produkte mit geringstem Aufwand herzustellen, während die Rentabilität die von ihren Wolfsgesetzen diktierte kapitalistische Wirklichkeit verkörpert.

> „Ein Unternehmen kann produktiv arbeiten, und trotzdem braucht es nicht rentabel zu sein; das ist der Fall, wenn zwar ein guter Ausstoß an Erzeugnissen vorhanden ist, dem aber infolge schlechter Marktverhältnisse schlechte Absatzmöglichkeiten gegenüberstehen.“[4])

---

[4]) Karl Huber, Industriebetriebslehre, Bad Homburg 1954, Seite 11.

Unter diesen Bedingungen ist die Wirtschaftlichkeit eine Fiktion und die Rentabilität die Realität und der ausschlaggebende Faktor für die Betriebsgestaltung im Kapitalismus. Wenn deshalb von betrieblicher Wirtschaftlichkeit die Rede sein und über Wirtschaftlichkeitsrechnungen geschrieben wird, so muß man sich darüber im klaren sein, daß es eigentlich die Rentabilität ist, die gemeint wird.

Das Rentabilitätsstreben — sprich: individuelles Profitstreben — im Kapitalismus ist aber der Feind des Gedankens der Wirtschaftlichkeit. Unter seinem Eindruck werden die Potenzen nicht frei, die durch die Natur der Produktivkräfte gegeben sind. Die kapitalistischen Produktionsverhältnisse erweisen sich als Schranke der kontinuierlichen Weiterentwicklung der Produktivkräfte. Das Entwicklungstempo der Produktionssteigerung verlangsamt sich, und die gesamte ökonomische Entwicklung geht ungleichmäßig vor sich und wird durch Rückschläge und Krisen aufgehalten und gestört. Dieser Tatsache wollen einige bürgerliche Ökonomen begegnen, indem sie Appelle an die Vernunft privatkapitalistischer Unternehmer richten. So beschwört beispielsweise GUIDO FISCHER die Unternehmer, ihr „materialistisches Denken", das zu einer Überbetonung der Rentabilität geführt hätte, abzulegen. Er schließt mit den Worten:

> „Besinnt man sich wieder auf die Bedeutung der Betriebsleistung, ... dann braucht eine solche Überspitzung nicht befürchtet zu werden."[5])

Beiläufig sei erwähnt, daß, wenn FISCHER hier von „materialistischem Denken" spricht, er selbstverständlich nicht den philosophischen Materiebegriff meint, sondern den Begriff vulgär faßt. Dieser Appell hat einige außerordentliche Mängel. FISCHER möchte, daß man sich „wieder" auf die Bedeutung der Betriebsleistung besinnt. Es entsteht jedoch die Frage, wann es denn jemals im Kapitalismus eine Zeit gegeben hat, während der ein privatkapitalistischer Unternehmer in der Lage war, auf Kosten seiner Rentabilität eine Produktion aus — sagen wir — sozialen Gründen durchzuführen. Eine solche Zeit hat es nie gegeben, und ein solches Handeln ist mit den ökonomischen Gesetzen des Kapitalismus nicht vereinbar. Es würde zwangsläufig zum Konkurs jedes Unternehmers führen. Die konkrete Gestalt des Produktionsprozesses und der wirtschaftlichen Beziehungen der Betriebe untereinander ist eben keine Sache des individuellen Geschmacks oder eines mehr oder weniger ausgeprägten „materialistischen Denkens", sondern einzig und allein Erfordernis der ökonomischen Gesetzlichkeit des Kapitalismus. Es gibt keine Möglichkeit für den privaten Unternehmer, gemeinwirtschaftlich zu denken und zu handeln. Gerade das aber wäre Voraussetzung zur betrieblichen Wirtschaftlichkeit. Der private Unternehmer denkt und handelt im Sinne seines Bedürfnisses der Kapitalverwertung, und außerhalb der Rentabilität seines Betriebes gibt es für ihn keine Faktoren, die ihn zum Aufnehmen „wirtschaftlicher", jedoch nicht rentabler Produktion veranlassen könnten. Nur soweit „Wirtschaftlichkeitsrechnungen" dem entgegenkommen, sind sie für ihn interessant. Sie sind alle in Wirklichkeit „Rentabilitätsberechnungen".

Es ist hier an dieser Stelle unmöglich, die einzelnen Methoden der Wirtschaftlichkeitsrechnungen zu analysieren. Es muß demgemäß eine Beschränkung auf einige typische Merkmale erfolgen. Vielleicht ist es zweckmäßig, den gemeinsamen anarchischen Zug am Beispiel des Kapitaldienstes nachzuweisen.

Aus den bisher dargestellten Zusammenhängen ist sichtbar geworden, daß der einzelne Betrieb die Impulse seiner Handlungen aus den Marktverhältnissen empfängt, die in ihrer Unwägbarkeit von vornherein das Moment der Unsicherheit in sich bergen. Die Realisation der Produkte bestimmt die Produktion. Ein Ausdruck dafür, daß bereits bei Investitionen

---

[5]) GUIDO FISCHER, Allgemeine Betriebswirtschaftslehre, Heidelberg 1952, Seite 297.

und der Auswahl der jeweiligen Varianten die Unsicherheitsmomente kapitalistischer Marktbeziehungen voll wirksam werden, ist die Verwendung des Kapitaldienstes in den Wirtschaftlichkeitsrechnungen kapitalistischer Ökonomen. Der Kapitaldienst ist die Zusammenfassung von Abschreibungen und Zinsen. Beide Kategorien sind ökonomisch außerordentlich unterschiedlich, so daß bereits aus diesem Grund eine Verbindung unzulässig erscheint.

Die Abschreibungen sind der Ausdruck des im Verlaufe des Produktionsprozesses auf die Produkte übertragenen Wertes der eingesetzten Arbeitsmittel. Sie sind unerläßlich zur Bestimmung des Wertes der Produktion und zur Ermittlung der Produktivitätssteigerung. Sie umfassen jedoch nicht nur den materiellen Verschleiß der Arbeitsmittel, sondern auch deren ökonomischen Verschleiß auf Grund produktiverer und billigerer Technik. Zweifellos spielen diese Abschreibungen auch unter sozialistischen Produktionsverhältnissen eine große Rolle. Der kapitalistische Unternehmer wendet dieser Kategorie seine Aufmerksamkeit indessen nicht zu, um Wertrechnungen durchzuführen, sondern um mit ihrer Hilfe Risiken vorzubeugen, steuerliche Vergünstigungen zu erfahren und mit relativer Sicherheit den zu erwartenden Profit zu bestimmen. So sehr die Abschreibungen in die Berechnungen des ökonomischen Nutzens einbezogen werden müssen, so vorsichtig muß man sein, wenn man ihre in den kapitalistischen Wirtschaftlichkeitsrechnungen angegebene Höhe betrachtet. Die mit den Abschreibungen vorgenommenen Manipulationen richten sich nach der ökonomischen Stärke des einzelnen Betriebes. In diesem Sinne können sie unter sozialistischen Produktionsverhältnissen selbstverständlich keinerlei Berücksichtigung bei Nutzeffektsberechnungen finden, obwohl sie als Kategorie durchaus vorhanden sind. Ein Beispiel also dafür, wie sehr die ihrer Form nach identischen Kategorien ihren spezifischen Inhalt durch die Produktionsweise bekommen.

Der zusammen mit den Abschreibungen im Kapitaldienst vereinte Zins ist eine komplizierte Kategorie, und man muß ihrer Charakterisierung einige Worte widmen. Der Zins ist historisch mit der Warenproduktion verbunden. Er tritt demzufolge auch im Sozialismus auf. Man muß sich jedoch darüber im klaren sein, daß die Warenproduktion unter sozialistischen Produktionsverhältnissen ihrem Umfang und ihrem Charakter nach vom Gesetz der planmäßigen proportionalen Entwicklung der Volkswirtschaft bestimmt wird, und daß unter diesen Bedingungen das ehemals regulierende Wertgesetz zum Diener sozialistischer ökonomischer Gesetzlichkeit wird. Der im Kapitaldienst der bürgerlichen Ökonomie zutage tretende Kapitalzins ist eine Form der Distribution des durch die Arbeitskraft produzierten Mehrwertes.

Bekanntlich gibt es in der Bourgeoisie die Trennung zwischen Unternehmer und Leihkapitalisten. Der Leihkapitalist überläßt dem Unternehmer Geldkapital zu dessen Verfügung im kapitalistischen Betrieb. Er verlangt dafür einen Preis, der ihm auch vom Unternehmer gezahlt wird, da dieser mit Hilfe des fremden Kapitals Produktion und Profit vergrößern kann. Dieser Preis für das geliehene Kapital ist der Kapitalzins, der den oberflächlichen Eindruck entstehen läßt, als würde das Kapital selbst bereits Wert schaffen. Tatsächlich produziert lediglich jedoch die Arbeitskraft neuen Wert. Der Unternehmer leitet aus der oberflächlichen Erscheinung den Anspruch ab, von vornherein für sein eigenes Kapital ebenfalls Zinsen kalkulatorisch zu berücksichtigen. Er wird in dieser Auffassung dadurch bestärkt, daß er sein eigenes Kapital ebenfalls zu Kapitalzinsen an andere Unternehmer verleihen könnte. Diese Tatsache führt dazu, daß Finanzierungsfragen in der kapitalistischen Praxis große Beachtung finden. Die Zusammensetzung von Eigen- und Fremdkapital richtet sich oft hauptsächlich nach dem existierenden Zinsfuß. Auf Grund des äußeren Scheines einer angeblichen Wertschaffung des Kapitals wird der Zins als Profitbestandteil von den Unternehmern in die Kosten eingerechnet. Er resultiert allein aus dem Anspruch am Profit kraft des Eigentums am Kapital. Mit diesem Inhalt, Distributionsmittel des Mehrwertes zu sein, sind die Zinsen historisch auf die kapitalistische Produktionsweise beschränkt. Da sie am deutlichsten das Profitinteresse der Kapitalisten widerspiegeln, fällt ihnen auch die besondere Behandlung bei Wirtschaftlichkeitsrechnungen zu. Die kapitalistischen Betriebswirtschaftler unterscheiden sich mitunter lediglich in der Methode, wie sie und in welcher Höhe sie den jeweiligen Zinsfuß in ihren Methoden verarbeiten. Es wird im Rahmen des Kapitaldienstes in Wirtschaftlichkeitsrechnungen der Kalkulationszinsfuß für das Fremdkapital aus Gründen der unsicheren Gesamtsituation höher angenommen als die tatsächlich zu zahlenden Zinsen ausmachen. Für das Eigenkapital wird ein Kalkulationszinsfuß angewandt, der der normalen „Branchenhöhe" entspricht. Diese „normale Branchenhöhe" ist nichts anderes als der Durchschnittsprofit. Insgesamt gesehen handelt es sich bei der Verwendung des Kalkulationszinsfußes um einen in seiner Höhe subjektiv bestimmten Zinsfuß des Unternehmers. Er lenkt das Kapital in die profitabelste Sphäre.

Die regulierende Form des Zinses beim Einsatz von Investitionen wird konsequent sichtbar, wenn man sich eine Methode der Wirtschaftlichkeitsrechnung ansieht, wie sie beispielsweise Erich Schneider[6]) anzubieten hat. Er spricht von der sogenannten Diskontierungsmethode, die darin besteht, den Kapitalwert zum Zeitpunkt vor Beginn der Investitionen zu errechnen.

Die Auswahl von zwei Investitionsvarianten würde demnach folgendermaßen getroffen werden:

Variante A	Investitionssumme im gegenwärtigen Zeitpunkt	= DM 5000,–
	Einnahmen am Ende des Jahres	= DM 300,–
	Kalkulationszinsfuß: 5% pro Jahr; die zum Kalkulationszinsfuß kapitalisierten Einnahmen stellen den Kapitalwert auf	DM 6000,– fest.
Variante B	Investitionssumme im gegenwärtigen Zeitpunkt	= DM 7000,–
	Einnahmen am Ende des Jahres	= DM 480,–
	Kalkulationszinsfuß: 5% pro Jahr; die zum Kalkulationszinsfuß kapitalisierten Einnahmen stellen den Kapitalwert auf	DM 9600,– fest.

Unter diesem Gesichtspunkt würde die Wahl auf Variante B fallen, falls die Differenz zwischen beiden Investitionssummen von DM 2000,– keine Anlage finden würde, bei der ihre Einnahmen die Einnahmen aus Variante A um einen derart hohen Betrag vergrößern, daß die dann vorgenommene Kapitalisierung den Kapitalwert von Variante B übersteigt.

Was soll man im Rahmen sozialistischer Produktionsverhältnisse mit solchen Manipulationen anfangen? Das Gesetz der planmäßigen proportionalen Entwicklung verlangt ernsthafte Bemühungen, eine gesellschaftliche Wertrechnung zu entwickeln und dieses Bestreben durch die Exaktheit ökonomischer Nutzeffektsberechnungen zu unterstützen. Im Rahmen sozialistischer Produktionsverhältnisse erfordert die ökonomische Gesetzlichkeit eine ständig steigende Arbeitsproduktivität in der Gesamtwirtschaft. Das bedeutet, daß ständig der Aufwand von vergegenständlichter und lebendiger Arbeit pro Einheit des Erzeugnisses sinkt, obwohl der Anteil der vergegenständlichten Arbeit auf Kosten der verausgabten lebendigen Arbeit pro Einheit des Erzeugnisses relativ steigt. Das Ziel der sozialistischen Produktion, von einer Fülle von Waren zu einer Überfülle an Produkten zu gelangen, muß an die Stelle spekulativer Erwägungen exakte Berechnungen des Aufwandes an gesellschaftlicher Arbeit treten lassen. Selbstverständlich wird es dabei nicht gleichgültig sein, wie man in diesen

[6]) Erich Schneider, a. a. O., Seite 26ff.

Berechnungen den neu geschaffenen Gewinn berücksichtigt. Das kann und wird jedoch auf keinen Fall auf der Grundlage der unsicheren Situation kapitalistischer Produktionsverhältnisse mit Hilfe spekulativer Zinsfußmethoden geschehen. Es wird demzufolge richtig sein, wenn wir uns in Zukunft von den Begriffen der kapitalistischen Betriebswirtschaftlehre, wie sie uns beispielsweise im Kapitaldienst gegenübertreten, distanzieren. Wollte man unter unseren Bedingungen Wirtschaftlichkeitsrechnungen mit den alten Methoden des Kapitaldienstes durchdringen, so würden unsere Investitionen unter Umständen in eine Richtung abgedrängt werden, die den gesamtwirtschaftlichen Ansprüchen nicht entgegenkommen. Der Einsatz gesellschaftlicher Mittel muß so erfolgen, daß ein Betrag zur Vergrößerung der gesamtwirtschaftlichen Rentabilität bei Gewährleistung der Einzelrentabilität sichtbar wird.

Die Erwägungen der bürgerlichen Ökonomie sind durch die sozialistischen Produktionsverhältnisse ein für allemal überholt, und die bürgerliche Betriebswirtschaftslehre hat uns auf diesem Gebiet nichts zu bieten. Die Wirtschaftlichkeitsrechnungen im Kapitalismus tragen den Stempel der Anarchie, der marktbezogenen Spekulation und des individuellen Profitstrebens auf der Stirn, sind somit eindeutig historisch auf die kapitalistische Produktionsweise beschränkt und müssen im Interesse unserer sozialistischen Volkswirtschaft durch Nutzeffektsberechnungen ersetzt werden, die den Ansprüchen der ökonomischen Gesetze des Sozialismus genügen.

Zu einigen Fragen des ökonomischen Nutzeffektes im Sozialismus

A. Bordag

Die Politische Ökonomie des Sozialismus geht bei der Klärung der Fragen, die mit dem ökonomischen Nutzeffekt zusammenhängen, davon aus, daß eine Einheit besteht zwischen der Bestimmung des Nutzeffektes vom Standpunkt der Volkswirtschaft und der des Nutzeffektes des einzelnen Objektes. Die Einheit ist dadurch gegeben, daß es nur einen Eigentümer an den Produktionsmitteln in der ganzen Volkswirtschaft gibt, nämlich die Gesellschaft, der zugleich die Betriebe gehören.

Herr Dr. Schmidt hatte in seinem Vortrag schon dargelegt, daß Kapitalismus und Wirtschaftlichkeit im Grunde zwei sich ausschließende Begriffe sind. Im Kapitalismus zeigt sich uns ein Bild massenhafter Vergeudung gesellschaftlicher Produktivkraft. In der Weltwirtschaftskrise 1929—1933 wurden rund 270 Millionen t Stahl weniger produziert, als bei Einhaltung des Produktionsstandes von 1929 hätten produziert werden können. Wenn in den USA vor zwei bis drei Jahren in der Stahlproduktion oder im Automobilbau investiert wurde und dabei Wirtschaftlichkeitserwägungen auf Grund der damals möglichen Produktionsrate angestellt wurden, sehen sich die Kapitalgeber hinsichtlich ihrer Profiterwartungen heute enttäuscht, weil infolge der Krise jetzt die Kapazitäten noch weit weniger als sonst ausgenutzt werden können. Oder denken wir daran, welche gewaltige Vergeudung an Produktivkraft darin besteht, wenn jetzt die Arbeitslosenziffer wieder Millionenausmaß annimmt. Keine Statistik ist jedoch in der Lage, in vollem Ausmaß die Not und das Elend der auf die Straße geworfenen Werktätigen zu zeigen.

Der sozialistischen Planwirtschaft dagegen ist der Nutzen immanent. An die Stelle der kapitalistischen Anarchie und Regellosigkeit tritt jetzt die Planmäßigkeit der Entwicklung, an die Stelle der durchschnittlichen Disproportionalität tritt die Proportionalität der gesamten Wirtschaft, an die Stelle des spontanen Handelns von isolierten Einzelproduzenten die bewußte Aktion der Gesellschaft. Insgesamt wird die sozialistische Volkswirtschaft gekennzeichnet durch den Grundzug der Rationalität im Einsatz der zur Verfügung stehenden Mittel auf allen Ebenen der Wirtschaft.

Diese Erfordernisse des Gesetzes der planmäßigen proportionalen Entwicklung der Volkswirtschaft bestimmen den Nutzeffekt der sozialistischen Volkswirtschaft. Seinen konkreten Ausdruck findet der Nutzen in der Verteilung der Investitionsmittel entsprechend dem gesellschaftlichen Bedarf, im stetigen und krisenfreien Wachstum der Produktion, das zu einer anhaltend hohen Zuwachsrate der Produktion führt, in der stetigen Steigerung der Arbeitsproduktivität, in der dauerhaften Beschäftigung aller Arbeitskräfte und nicht zuletzt in der ständigen Vermehrung des gesellschaftlichen und persönlichen Reichtums der Werktätigen.

Die vom Gesetz der planmäßigen Entwicklung geforderte Bestimmung des Nutzeffektes vom Standpunkt der Volkswirtschaft verlangt bei der Entscheidung über ein Investitionsobjekt die Berücksichtigung solcher Faktoren, wie die Steigerung der sozialistischen Produktion mit Erweiterung des Sortiments und Verbesserung der Qualität der hergestellten Erzeugnisse, die Erhöhung des Mechanisierungsgrades, die Bedeutung des Objektes für den

Export und die internationale Zusammenarbeit, rohstoff- oder lohnintensive Produktion, Standortfragen im Zusammenhang mit Arbeitskräfte- und Transportfragen, Einordnung des Objektes in die Spezialisierung und Kooperation der gesellschaftlichen Produktion mit evtl. notwendig werdenden Folgeinvestitionen. Auch außerökonomische Faktoren sind zu berücksichtigen, wie die Bedeutung des Objektes für die Landesverteidigung, für soziale, kulturelle oder wissenschaftliche Zwecke. Die Zusammenfassung und Beurteilung dieser Fragen erfolgt in einem volkswirtschaftlichen Gutachten, das für jedes geplante Objekt auszuarbeiten ist und in dem die bestmögliche Befriedigung des gesellschaftlichen Bedarfs in Detailpositionen nachzuweisen ist. Entscheidend ist dabei, daß die Investitionsmittel in der sozialistischen Volkswirtschaft planmäßig dorthin gelenkt werden, wo durch sie die Ziele des Sozialismus erreicht und ein störungsfreier proportionaler Verlauf der wirtschaftlichen Entwicklung gewährleistet ist.

Verwirklicht wird der volkswirtschaftliche Nutzeffekt durch die verschiedenen Planungsmethoden, von denen das System der volkswirtschaftlichen Bilanzierung (Sach-, Wert- und Arbeitskräftebilanzen) mit das wichtigste ist.

Dabei besteht kein Gegensatz zwischen dem Nutzeffekt vom Standpunkt der Volkswirtschaft, erzielt durch die planmäßige Entwicklung der Gesamtwirtschaft, und dem Nutzeffekt am Ort der Produktion, erzielt durch die Rentabilität des Betriebes. *Innerhalb der durch das Gesetz der planmäßigen Entwicklung bestimmten Verteilung der Investitionsmittel wird der betriebliche ökonomische Nutzeffekt des einzelnen Objektes zum Kriterium der Entscheidung.* Die Bestimmung des ökonomischen Nutzeffektes vom Standpunkt der Volkswirtschaft schließt daher die Bestimmung des betrieblichen Nutzens auf der Basis der Rentabilität des Objektes mit ein. Der Nutzen vom Standpunkt der Volkswirtschaft ist um so größer, je größer die betriebliche Rentabilität des geplanten Objektes sein wird unter der Bedingung der gleichen Befriedigung gesellschaftlichen Bedarfs. Es ist daher absolut nicht gleichgültig, in welcher Höhe Investitionsmittel zum Zwecke einer Produktionssteigerung ausgegeben werden bzw. wie sich die Selbstkosten je Erzeugniseinheit in dem geplanten Betriebsneubau stellen werden. Der ökonomische Nutzeffekt einer Investition ist folglich nur dann gegeben, wenn damit ein gesellschaftlicher Bedarf befriedigt und gleichzeitig sowohl bei der Errichtung als auch beim Betrieb des Objektes an gesellschaftlicher Arbeit, an Geld und Kosten, verglichen mit dem bisherigen ökonomisch-technischen Entwicklungsstand der gleichen Produktion, eingespart wird.

Der betriebliche ökonomische Nutzen eines einzelnen Objektes wird nachgewiesen durch einen Vergleich des Investitionsaufwandes in DM mit den durch die Investition erzielten Einsparungen an Selbstkosten in DM. Wie Herr Dr. SCHMIDT schon nachwies, sind die kapitalistischen Methoden zur Berechnung der Rentabilität für den Sozialismus nicht brauchbar, da sie vom größeren Profit, erzielt durch den Konkurrenzkampf am Markte, ausgehen, während wir im Sozialismus von der Produktionssphäre und der Einsparung an gesellschaftlicher Arbeit ausgehen müssen, wie sie in der Senkung der Selbstkosten je Erzeugnis Ausdruck finden.

Nehmen wir an, SK/P_1 seien die Selbstkosten je Produkt (DM) einer Variante eins bzw. eines bestehenden Betriebes bzw. einer Fertigung alter Art und SK/P_2 die Selbstkosten je Produkt (DM) einer Variante zwei bzw. des geplanten Neubaus eines Betriebes bzw. einer Fertigung neuer Art, so ist für den betrieblichen ökonomischen Nutzeffekt Bedingung, daß

$$SK/P_2 < SK/P_1. \tag{1}$$

Daraus ergibt sich, daß

$$SK/P_1 - SK/P_2 = E/P \tag{2}$$

ist, wobei E/P die Einsparung an Selbstkosten je Produkt bedeutet. Es interessiert uns jedoch die Summe der Einsparung. Die Summe der Einsparung hängt ab vom Umfang der Produktion, also davon, wieviel Erzeugnisse mittels der Investition in einer bestimmten Zeiteinheit hergestellt werden können. Wir multiplizieren daher das in einer bestimmten Zeit mittels der Investition herzustellende Produktionsvolumen (PV_n) mit E/P

$$PV_n \times E/P = \sum E_n \tag{3}$$

und erhalten damit die Summe der Einsparungen, die erreicht werden kann, etwa in einem Jahr. Von seiten der erzielbaren Einsparung an Selbstkosten wird der betriebliche ökonomische Nutzeffekt um so größer sein, je größer die Summe der Einsparung und je kürzer die Zeiteinheit ist, in der sie erzielt werden konnte. Die Summe der Einsparung kennzeichnet jedoch allein nicht den Nutzeffekt der Investition. Sie muß verglichen werden mit dem Aufwand an Investitionsmitteln.

In der Regel sollten für ein geplantes Objekt mehrere Projekte zur Auswahl vorliegen und überprüft werden. Neben dem schon erwähnten volkswirtschaftlichen Gutachten wird ein betriebswirtschaftliches Gutachten ausgearbeitet, daß den technischen, den baulichen und den Finanzteil des Projektes durch eine ganze Reihe von Einzelkennziffern erläutert. Gerade der Vergleich der einzelnen Kennziffern verschiedener Projekte hilft, aus den zur Auswahl stehenden Varianten die jeweils optimale Lösung der gestellten Aufgabe herauszufinden und gibt Anhaltspunkte, in welcher Richtung, in welchen Punkten die Entwürfe zu überarbeiten sind mit dem Ziel, die gestellte Aufgabe der Steigerung des Produktionsvolumens mit Einsparung an Mitteln und weniger Investitionsaufwand zu erreichen. Den Bedingungen des ökonomischen Nutzeffektes ist dann Rechnung getragen, wenn der Vergleich der Varianten dazu führt, daß der Bau des geplanten Objektes mit weniger Investitionsmitteln als ursprünglich vorgesehen erfolgen kann und andererseits dennoch die vorgesehene oder eine noch größere Einsparung an Selbstkosten je Erzeugnis erreicht wird. Ein weiteres Kriterium des betrieblichen ökonomischen Nutzeffektes sind daher die Einsparungen an gesellschaftlicher Arbeit im Geldausdruck auch bei der Errichtung des Objektes.

Demnach wird die Bestimmung des betrieblichen ökonomischen Nutzeffektes gefunden durch eine Gegenüberstellung des Investitionsaufwandes in DM, den wir A nennen, mit dem Ergebnis der Investition, erzielt durch Einsparungen an Selbstkosten in DM,

$$\frac{\sum A}{\sum E_n}, \tag{4}$$

wobei der Ausdruck A sich vergrößern kann durch etwa notwendig werdende Folgeinvestitionen und verringern kann, wenn etwa durch die Einführung einer technischen Neuerung im Betrieb alte Technik ausrangiert wird und dabei ein Erlös erzielt wird.

Nehmen wir ein Beispiel. Ein Betrieb soll neu errichtet werden. Die Prüfung aller Varianten hat ergeben, daß der Investitionsaufwand DM 5000000 beträgt. Bei einem Vergleich der kalkulierten Selbstkosten je Produkt dieses neuen Betriebes mit den Selbstkosten je Produkt eines bestehenden Betriebes, der im wesentlichen die gleichen Erzeugnisse herstellt, zeigt sich, daß durch den Neubau unter Berücksichtigung seines geplanten Produktionsvolumens jährlich eine Summe von DM 1000000 an Selbstkosten eingespart werden kann. Die Kennziffer des ökonomischen Nutzeffektes bzw. die Rückflußdauer der Investition beträgt demnach fünf Jahre. Es liegt ein gesellschaftlicher Fortschritt vor, weil die Produktion des neuen Betriebes mit weniger Selbstkosten je Erzeugnis erfolgt als in bestehenden Betrieben und die Produktionssteigerung eine größere Befriedigung des gesellschaftlichen Bedarfs ermöglicht. Der Betrieb wird länger als fünf Jahre arbeiten und der Gesellschaft Nutzen bringen. Wird dieses Projekt verglichen mit einem anderen Projekt, bei dem die Rückflußdauer der Investition mehr als fünf Jahre dauern würde, ist dem ersten Projekt der Vorzug zu geben.

Natürlich muß der Kalkulationsrechnung, wie hoch die Investitionskosten und die Selbstkosten und damit die Kennziffer des Nutzeffektes sein werden, der Nachweis folgen, wie nach Durchführung der Investition die Selbstkosten effektiv gesenkt werden konnten und wie hoch sich die Investitionskosten tatsächlich gestellt haben.

Als eine allgemeine Regel für den betrieblichen ökonomischen Nutzeffekt kann festgestellt werden, *daß der Nutzeffekt um so größer ist, je kleiner die Zeit ist, in welcher der Investitionsaufwand aus Einsparungen an Selbstkosten ersetzt werden kann.*

Die Nutzeffektsberechnung im Sozialismus geht von der Produktionssphäre und dem Wert des Erzeugnisses aus. Praktisch aber muß die Wertrechnung, solange die sozialistische Warenproduktion besteht, die Gestalt einer Geldrechnung annehmen. Sie ist eine Preisrechnung hinsichtlich des Verbrauches an Produktionsmitteln und ist eine Geldrechnung in Form des Lohnes für den Wert des von der Arbeitskraft geschaffenen notwendigen Produktes.

Preise und Löhne wirken in doppelter Hinsicht auf die Nutzeffektsberechnung ein. Einmal ist das der Fall für den Investitionsaufwand durch das Preisniveau für die neue Technik einschließlich der Preise für Bauleistungen. Zum anderen erfolgt die Einwirkung über die Selbstkosten und deren Höhe durch das Preisniveau beim Bezug von Rohstoffen und das Lohnniveau bei der Einstellung und Einstufung der Arbeitskräfte sowie durch die Einsparungen an Selbstkosten nach Inbetriebnahme des Objektes bei der laufenden Produktion, weil die effektive Höhe der Selbstkosten auch davon abhängt, wie es die Betriebsleitung versteht, gestützt auf das ganze Betriebskollektiv und die Initiative der Werktätigen, das Sparsamkeitsregime allseitig zu verwirklichen.

Ungenauigkeiten können dann in die Nutzeffektsberechnung Eingang finden, wenn der Geldausdruck des Aufwandes an gesellschaftlicher Arbeit in den Selbstkosten von dem effektiven Aufwand an Arbeit zu stark abweicht. Das ist zum Beispiel der Fall, wenn in die Selbstkostenrechnung Abschreibungssätze eingehen, die in anormaler Weise über oder unter dem tatsächlichen Verschleiß der Maschinen, Anlagen und Gebäude liegen, wenn Materialeinsparungen oder Mehrverbrauch ungenügend erfaßt und dementsprechend in den Selbstkosten nicht ausgewiesen werden, wenn die Lohnkosten je Erzeugnis in den Selbstkosten keine Änderung erfahren, obwohl infolge neuer Technik Einstufung in die Lohngruppen und Arbeitsnormen hätten überprüft werden müssen. Es ist nicht richtig, annehmen zu wollen, daß die Beseitigung solcher Differenzen, wo sie auftreten, ausschließlich Sache etwa der Buchhaltung wäre. Je besser es die Leitung des Betriebes versteht, auch hierbei das ganze Betriebskollektiv zur Lösung der auftretenden Widersprüche heranzuziehen und es dabei politisch und fachlich zu führen, je eher werden die Schwächen überwunden werden.

Ein anderes Problem ist das vom Gesetz der planmäßigen Entwicklung der Volkswirtschaft geforderte Abweichen der Preise vom Wert bei der Bildung der Festpreise. Während im Kapitalismus die Preisabweichungen den Konkurrenzkampf und das Streben nach mehr Profit zur Ursache haben, wird das Abweichen der Preise vom Wert im Sozialismus planmäßig festgelegt und ist bestimmt durch volkswirtschaftliche Notwendigkeiten. Es sind verschiedene Gründe, die es zweckmäßig sein lassen, im Einzelfalle oder für Warengruppen die Preise vom Wert abweichen zu lassen. So zum Beispiel, um das Anlaufen einer neuen Produktion zu fördern, um eine erstmalig erfolgende industrielle Verwertung einer Erfindung durchzusetzen, sowie soziale und kulturelle Gründe, aber auch um den Verbrauch und die Nachfrage zu lenken. Wenn zum Beispiel für Material, das in größerem Maße als Austauschstoff verwendet werden soll, ein niedrigerer Preis festgelegt wird als für Importmaterial, entspricht das einem gesellschaftlichen Bedürfnis, um Mittel zur Einfuhr anderer, nicht ersetzbarer Materialien zur Verfügung zu haben.

Weil die Preise, ausgehend vom gesellschaftlichen Bedarf, planmäßig festgelegt werden, entsprechen sie den volkswirtschaftlichen Notwendigkeiten und müssen daher auch in ihrer gegebenen Höhe in die betriebliche ökonomische Nutzeffektsberechnung eingehen. Auch hier zeigt sich die gegenseitige Bedingtheit der Bestimmung des Nutzeffektes vom Standpunkt der Volkswirtschaft (zum Beispiel Lenkung des Verbrauches durch den Preis) und der Berechnung des betrieblichen ökonomischen Nutzeffektes. Ein niedriger Preis für Austauschstoffe (gleiche Zweckerfüllung vorausgesetzt) vergrößert den betrieblichen ökonomischen Nutzeffekt, ist zugleich aber auch von Nutzen vom Standpunkt der Volkswirtschaft. Es muß betont werden, daß das aus volkswirtschaftlichen Gründen notwendige Abweichen der Preise vom Wert kein Grund sein kann, in die betriebliche Nutzeffektsberechnung prinzipiell einen anderen als den gültigen Festpreis, etwa einen kalkulierten Preis, eingehen zu lassen. Sollte nachweisbar ein Festpreis in krassem Maße vom Wert abweichen, so kann, jedoch nur zu Vergleichszwecken, ein kalkulierter Preis, ausgehend von den Selbstkosten, gebildet werden, um zu größerer Klarheit bei der Entscheidung über ein Projekt zu gelangen. Das wird jedoch nur in Ausnahmefällen statthaft sein, wobei zu bedenken ist, daß Preisänderungen nur von Zeit zu Zeit vorgenommen werden können, dagegen Wertsenkungen durch die Steigerung der Arbeitsproduktivität sich laufend vollziehen.

Die betriebliche Nutzeffektsberechnung ist, eben im Unterschied zur kapitalistischen Rentabilitätsrechnung, ein Bestandteil der Bestimmung des Nutzeffektes vom Standpunkt der Volkswirtschaft. Über die Preise wird diese Verbindung dadurch hergestellt, daß die Berechnung des betrieblichen Nutzeffektes auf der Grundlage der Festpreise erfolgen muß, die in ihrem Abweichen vom Wert gesellschaftliche Notwendigkeiten zum Ausdruck bringen. Wird dieses Prinzip verlassen, steht die betriebliche Nutzeffektsberechnung in Widerspruch zur Bestimmung des Nutzeffektes vom Standpunkt der Volkswirtschaft, ist aber nicht mehr deren Bestandteil. Die Aufgabe besteht vielmehr darin, den betrieblichen ökonomischen Nutzeffekt zu erreichen und zu vergrößern auf der Grundlage der unter Berücksichtigung volkswirtschaftlicher Belange planmäßig gebildeten Festpreise.

Abschließend sei bemerkt, daß hier nur einige dem Verfasser wichtig erscheinende Fragen behandelt werden konnten. Die hier angeführten Methoden zur Bestimmung des Nutzeffektes sind Prinzipien, die bei ihrer praktischen Verwirklichung im Einzelfalle zusätzliche Fragen auftreten lassen können, die aber nicht unlösbar sind. Welche Schwierigkeiten in jedem Einzelfall einer Nutzeffektsberechnung auch auftreten mögen, sie werden um so leichter überwunden werden können, je größere Klarheit über die Grundlagen der sozialistischen Planwirtschaft und der ihr entsprechenden Methoden der Nutzeffektsberechnung besteht.

Die Ermittlung des Nutzeffektes von Investitionen der Energieversorgung

H.-J. Hildebrand

Vollständige Darstellung des gekürzten Referates
vor der Sektion Maschinenbau der Akademie der Wissenschaften, Mai 1958

Aufbauend auf den vorangegangenen Ausführungen der Herren Dr. oec. SCHMIDT und Prof. Dr. rer. pol. A. BORDAG sowie ergänzend soll nachfolgend anhand des Neubaues von Kraftwerken in der DDR das Beispiel der Ermittlung des Nutzeffektes von Energieanlagen dargelegt werden:

1. Investitionen wirken sich auf das Niveau der Wirtschaft längerer zukünftiger Zeiträume aus und demnach auf die Entwicklung des allumfassenden Kriteriums der Wirtschaft, auf die Arbeitsproduktivität. Die vorherige sorgfältige Bestimmung oder Überprüfung des Nutzeffektes von Investitionen in der DDR während des Überganges vom Kapitalismus zum Sozialismus ist deshalb von außerordentlicher Bedeutung, weil

   1.1 der Sozialismus in letzter Instanz den ökonomischen Sieg über den Kapitalismus durch eine weit höhere Arbeitsproduktivität erringt [1]);

   1.2 das rasche Tempo des sozialistischen Aufbaues einen außerordentlich hohen Umfang an Investitionsmitteln erfordert, d. h., die Investitionsmittel relativ begrenzt sind. Da die Energiewirtschaft 1958—1960 20,5% der staatlichen Investitionsmittel, die auf die Industrie entfallen, die Elektroenergieversorgung davon wiederum ca. 40%, insgesamt also mehr als 8% der gesamten Investitionsmittel der Industrie erhält, gelten diese Gesichtspunkte ganz besonders;

   1.3 die Elektroenergieversorgung sehr anlageintensive Produktionsprozesse umfaßt, deren Amortisationskosten folgenden Anteil an den Gesamtproduktionskosten einnehmen [2]):

Anteile der Amortisationskosten an den Gesamtproduktionskosten

Elektroenergieerzeugung	ca. 15—20%
Elektroenergietransport	ca. 30%
im Vergleich zu	
Metallurgie	ca. 2,9%
Maschinenbau	ca. 1,8%
Leichtindustrie	ca. 1,3%
Energiewirtschaft insges.	ca. 7,0%
gesamte Industrie	ca. 2,7%

---

[1]) W. I. LENIN, Ausgewählte Werke in 2 Bänden, Bd. II, Verlag für fremdsprachliche Literatur, Moskau 1947, S. 576.

[2]) ARNOLD, BORCHERT, SCHMIDT, Ökonomik der soz. Industrie in der DDR, Verlag Die Wirtschaft, Berlin 1956, S. 281.

2. Nach Marx stellt sich alle Ökonomie als Ökonomie der Zeit dar[3]). Demnach soll nicht nur die insgesamt gesellschaftlich notwendige Arbeit sinken, sondern in der Hauptsache muß der Anteil des Aufwandes an lebendiger Arbeit (Lohn) je Einheit des Produkts (kWh) schneller sinken als der der vergangenen Arbeit (Abschreibungen, Material usw.). Dies wird für verschiedene Möglichkeiten in Abb. 1 dargestellt, wobei z. B. die Wirkung sozialökonomischer Faktoren wie Neuerermethoden oder Wettbewerbe den gleichen Verlauf wie in Abb. 1 nehmen. Daraus ergibt sich aber auch:

2.1 Wenn zwar der Investitionsaufwand für ein Objekt gegenüber einem anderen vergleichbaren Objekt *geringer* ist, so sagt dies noch nicht aus, daß der *geringste* Gesamtaufwand und damit der höchstmögliche Nutzeffekt erreicht wurde.

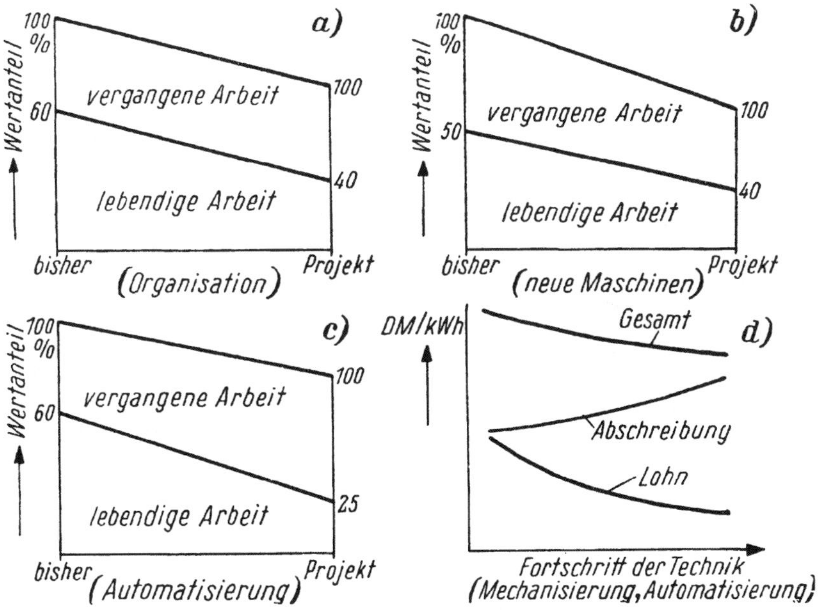

Abb. 1. Bedingungen der Steigerung der Arbeitsproduktivität

2.2 Die Betrachtung der Arbeitsproduktivität verlangt bei Investitionen Beachtung in zweierlei Richtungen:

2.21 Bei der Betrachtung der Selbstkosten der *zukünftigen Produktion* muß man 3 Komponenten unterscheiden: Die Gesamtinvestitionssumme (Abschreibungen) als konstante vergangene Arbeit und den Wärmeverbrauch als proportionale vergangene Arbeit müssen sinken. Besonders rasch muß auch der Anteil der lebendigen Arbeit abnehmen.

Unter Umständen dürfen aber die absoluten Investitions- bzw. Anlagekosten sogar steigen — Abb. 2 gibt uns Prozente an —, wenn von der Produktionsdauer her gesehen die Material- oder Brennstoffkosten und insbesondere die Lohnkosten oder Kosten der lebendigen Arbeit, insgesamt also die proportionalen Produktionskosten entsprechend rascher sinken, d. h. die höheren konstanten Amortisationskosten mehr als kompensieren (Beispiel: Automatisierung Abb. 2c).

[3]) Karl Marx, Grundrisse der Kritik der Politischen Ökonomie, Dietz-Verlag, Berlin 1953, Heft 1, Seite 89.

2.22 Für die Relation der Investitionskostenanteile des *geplanten Projektes* selbst: Die Montagekosten als lebendiger Kostenanteil müssen wieder schneller sinken gegenüber dem Anteil der Ausrüstungs- und Materialkosten als der vergangenen Arbeit.

Es ist hieraus klar zu ersehen, daß die Durchsetzung der Hauptmethode der sozialistischen Wirtschaftsführung, die wirtschaftliche Rechnungsführung bereits bei der Projektierung der Produktionsmittel beginnt und nicht erst dem Zeitpunkt von deren Anwendung überlassen werden kann.

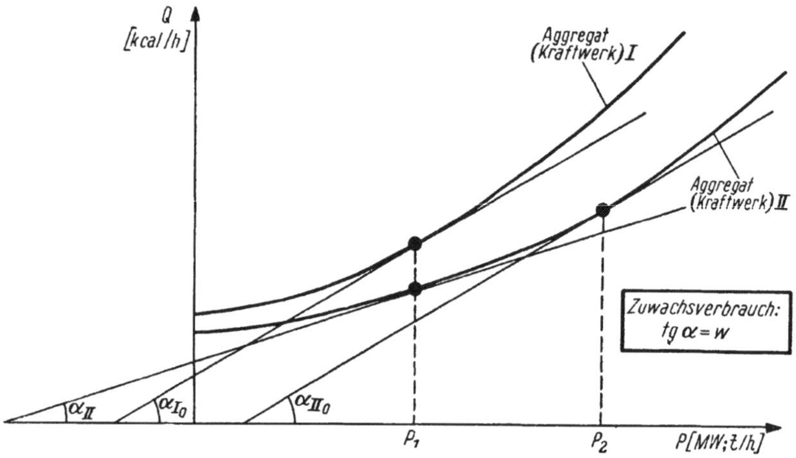

Abb. 2. Wirtschaftlicher Einsatz nach geringstem Wärmeverbrauch

3. In den beiden vorangegangenen Referaten wurde die Möglichkeit und die Notwendigkeit des *volkswirtschaftlichen* Nutzeffektes nachgewiesen. Dessen Vorrangigkeit[4]) gegenüber dem betriebswirtschaftlichen Nutzeffekt kann darüber hinaus in der Elektroenergieversorgung besonders augenfällig bewiesen werden, weil

3.1 die Anlagen der Elektroenergieversorgung sich ausschließlich in gesellschaftlichem Besitz befinden, demnach keine Hemmnisse des Eigentums oder unterschiedliche, betriebsegoistische Interessen oder Wirtschaftlichkeitsauffassungen vorliegen:

3.2 die Elektroenergieversorgung ausgezeichnet und charakterisiert ist gegenüber fast allen anderen Industriezweigen durch die zu jedem Zeitpunkt sich volkswirtschaftlich *unmittelbar* und *sofort* auswirkende gesamtstaatliche Verbundwirtschaft. Zu jeder Stunde kann der Lastverteiler dasjenige Aggregat oder Kraftwerk der Republik einsetzen, welches den geringsten proportionalen Anteil vergangener Arbeit (Material = Brennstoff) aufweist.
Die konstanten Amortisationskosten können ohnehin und die Lohnkosten können zum größten Teil bei dieser Lastverteilung unberücksichtigt bleiben, weil beide in ihrer absoluten Höhe unabhängig vom Ausnützungsgrad anfallen. Abb. 2 zeigt, daß sich der Einsatz sämtlicher im Verbund fahrenden Kraftwerke nur nach dem Zuwachsverbrauch — dargestellt durch den Winkel der Tangente an der Energieverbrauchscharakteristik (vereinfacht) — bei einer bestimmten Leistung zu richten braucht.

---

[4]) Vgl. Politische Ökonomie, Lehrbuch Kap. XXIII, Dietz-Verlag, Berlin 1955.

Daraus soll der Hinweis abgeleitet werden, welch große Bedeutung die Senkung des Wärmeverbrauchs bei der Projektierung von Kraftwerken hat, da die entsprechenden Brennstoffkosten bis zu 50% der gesamten Selbstkosten einnehmen.

3.3 außerdem die Elektroenergieversorgung als Versorgungszweig charakterisiert ist, der nicht nur zu jedem Zeitpunkt wegen der Eigenart des Produkts (kWh) vom Verbraucher in seiner Produktionshöhe diktiert wird, sondern weil von der zukünftigen Entwicklung seiner Produktion die allseitige Entwicklung der Volkswirtschaft und Gesellschaft (Gesamt- oder Bruttoproduktion, Mechanisierung, Lebensstandard usw.) entscheidend abhängig ist.

Gerade die Ungewißheit des berüchtigten Wendepunktes (Abb. 3) in der Entwicklung und der Zuwachsrate des Elektroenergieverbrauchs und damit auch eines Rückganges des Investitionszuwachses sowie die dadurch gegebene Zweifelhaftigkeit des vollen Absatzes der Produktion, treibt die bürgerlichen Energiewirtschaftler einmal zu den verschiedenartigsten mathematisch anmutenden Konstruktionen und zum anderen zu individuellen Manipulationen bei der Finanzierung der Investitionen (Risikozuschlag, Risikoprämie, Mindestgewinn neben dem üblichen Zins, Unternehmer-Gewinn, Kalkulationszinsen, degressive Abschreibungsmethode), alles zur Sicherung des maximalen Profits[5]).

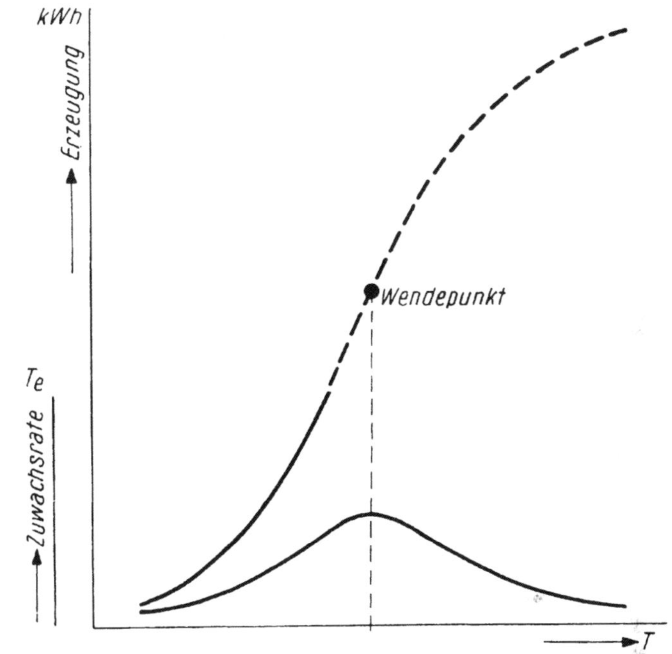

Abb. 3. Jährliche Zunahme der Energieerzeugung

4. Das Studium solcher bürgerlichen Methoden zeigt sehr gut, wie unmöglich und auch unnötig ihre Anwendung in der geplanten, der sozialistischen Volkswirtschaft ist. Hieran knüpfe ich die so oft von den Vertretern der technischen Wissenschaften aufgeworfene Frage, ob denn nicht in der sozialistischen Wirtschaft ganz einfach die Kapitaltilgung und -verzinsung durch eine andere Kategorie ersetzt werden, aber die Methode erhalten bleiben kann.

4.1 Dies ist nicht nötig, weil das eindeutig einheitliche Rechnungswesen und die einheitlichen Haushaltsvorschriften unseres Staates, dessen Eigentum die Betriebe und Investitionsobjekte sind, ohnehin festlegen, daß das gesamte über das dem Betrieb verbleibende Reineinkommen hinausgehende Ergebnis und auch das über den vom

[5]) Tagungsbericht d. Energiewirtschaftl. Instituts an der Universität Köln, Heft 7, „Beiträge zur Wirtschaftsrechnung in der Energieversorgung", Heft 9 „Das Wachstum des Energiebedarfs in volkswirtschaftlicher und betriebswirtschaftlicher Sicht", Verlag Oldenbourg, München 1955—57.

selbsterarbeiteten überplanmäßigen Gewinn des Betriebes verbleibenden Anteil hinausgehende finanzielle Ergebnis der Betriebstätigkeit dem Staat, also der Gesellschaft zugeführt wird. (Produktionsabgabe, Gewinnabführung usw.) Ein ausdrücklich als „Investitionszinsen" oder „Rückführungsquote" deklarierter Prozentsatz ist also illusorisch, weil er mit dem gleichen Betrag die Selbstkosten erhöht und das Produkt für die Gesellschaft herabsetzt, da der gesellschaftliche Gesamtarbeitsaufwand eine konstante Wertsumme ist. Man kann auch sagen: Die Investitionsmittel haben wir selbst erarbeitet, nicht geliehen, warum sollen wir dann „Schulden" tilgen oder verzinsen?

4.2 Entscheidend ist, daß in einem volkswirtschaftlichen Gutachten die „Rückführungsdauer" eines Investitionsobjektes ermittelt wird. Wir beziehen in diese Rechnung das gesamte Ergebnis ein, also auch *die* Beträge, die der bürgerliche Wirtschaftler für Tilgung, Zinsen usw. verwendet bzw. der Gesellschaft entzieht, aber wir unterschlagen in dieser Rechnung nicht den Teil des von den Werktätigen erarbeiteten Mehrprodukts, welchen der Kapitalist als Teil des Mehrwertes seinen privaten Interessen zuführt.

4.3 Eine besondere Betrachtung bei Investitionen in der Elektroenergieversorgung ist über den Direkt- oder Stufenausbau nötig. Man legt z. B. noch nicht das 2. System einer Leitung auf, rüstet ein Umspannwerk nur mit der halben Schalter- und Transformatorenkapazität aus usw., aber Fundamente und Baulichkeiten werden sofort vorgesehen. Hierbei muß in der Nutzeffektberechnung z. B. bei der Rückflußdauer der fehlende Gewinn der noch nicht ausgenutzten Produktionsmittel, bemessen nach der Durchschnittsquote des Industriezweiges sowie der notwendige Unterhaltungsaufwand für diese „toten" Produktionsmittel, in Abzug gebracht werden. Der Nutzeffekt wird herabgesetzt.
Für Kraftwerke ist diese Variante kaum zu untersuchen, weil Kraftwerke unabhängig vom örtlichen Zuwachs des Elektroenergiebedarfs errichtet werden, und zwar in dem Umfange, wie während der Bauzeit der Belastungszugang der gesamten Wirtschaft anwächst. Elektroenergietransportanlagen allerdings müssen den örtlichen zukünftigen Zuwachs bereits berücksichtigen.
Jedoch ist bei der Ermittlung des Nutzeffektes von Großkraftwerken die Durchführung in Bauabschnitten zwecks vorzeitiger teilweiser Inbetriebnahme anzustreben, damit die Investitionsmittel so schnell als möglich der Gesellschaft wieder produktiven Nutzen bringen und möglichst bald der Rückfluß bzw. der Umlauf der Anlagewerte beginnt.

5. Wann und wie oft muß eine solche Nutzeffektberechnung vorgenommen werden?
Infolge der langen Investitionsvorbereitungen der einzelnen Phasen des volkswirtschaftlichen Planungssystems und der langen Bauzeit von großen Dampfkraftwerken ist diese Überlegung notwendig und gestattet Rückschlüsse auf die Art und den Grad der Exaktheit der Gutachten in der jeweiligen Phase.

5.1 Für die *Perspektivplanung* der nächsten 5, 10 oder 20 Jahre kommt es in erster Linie auf die Kapazitätsgröße an, die der Befriedigung der zukünftigen gesellschaftlichen Bedürfnisse dient, also das ökonomische Gesetz der planmäßigen proportionalen Entwicklung zugrunde legt. Einzelheiten der Objekte sind noch unbekannt. Es werden, ausgehend von den Betrachtungen der Rohenergien, nur vorläufige Standorte und Typen festgelegt, ohne daß eine Nutzeffektberechnung möglich ist.
Das Gutachten in der Perspektivplanung umfaßt weiterhin solche Angaben wie z. B. die Feststellung, ob Spitzen- oder Grundlastwerk, entsprechend einem zu ermittelnden

geordneten Belastungsdiagramm (vgl. auch Abb. 6), die internationale Arbeitsteilung bzw. Kooperation, die Folgeinvestitionen in anderen Industriezweigen besonders der Kohle und des Energiemaschinenbaues sowie gesamtstaatliche Gesichtspunkte der sozialen und kulturellen Entwicklung und der Landesverteidigung.
Der gesellschaftliche Nutzen wird also in dieser Phase der Planung bzw. Projektierung auch von Faktoren ausgedrückt, die nicht quantitativ oder in einem bestimmten Verhältnis zum Ausdruck kommen.

5.2 Die *Vorplanung* eines bestimmten Objektes verlangt bereits genauere Angaben über Art und Größe, Technologie, Arbeitskräfte, Wertumfang sowie Bauabschnitte. In dieser Phase kann erstmalig der Nutzen mit konkreten Angaben des energetischen Wirkungsgrades, der Kosten- und Materialverbrauchssenkung usw. festgelegt werden, bzw. der erste grobe Nutzeffekt ermittelt werden. Er dient zur Entscheidung für den Projektierungsauftrag und zur Beauflagung qualitativer Veränderungen gegenüber den bisherigen Kraftwerksbauten.

5.3 Erst im Stadium der *Projektierung* kann für das gesamte Projekt und für einzelne Anlageteile eine exakte Nutzeffektberechnung vorgenommen werden.

5.4 Daraus ergibt sich, daß die Nutzeffektermittlung mindestens zweimal vorgenommen werden muß. Es wird sich aber eine letzte endgültige Ermittlung nach Abschluß der Projektierungstätigkeit und auch nach Inbetriebnahme des fertiggestellten Objektes notwendig machen, da sowohl der Projektant als auch der Bauausführende seinen Ehrgeiz darin sieht, bei der Durchführung einen noch höheren ökonomischen Nutzeffekt bei höchster Betriebssicherheit zu erreichen. Als Beispiel mag dienen, daß bei der Anfertigung der Ausführungsunterlagen qualifizierte Ingenieure oder beim Bau selbst alle Werktätigen noch ständig die Wirtschaftlichkeit der Ausführung sowie des späteren Betriebs verbessern können und dies auch in der Praxis ständig tun. Die umfassende endgültige Nutzeffektermittlung ist hier Gegenstand der Behandlung und auch die Kennziffern der betrieblichen Wirtschaftlichkeit können dieser Nutzeffektberechnung entnommen werden.

6. Diese grundsätzlichen Betrachtungen waren notwendig, weil wohl unsere Energieprojekte in den letzten Jahren Versuche des ökonomischen Gutachtens enthalten und auch schon Ansätze von Nutzeffektkennziffern zu beobachten sind, jedoch ist weder eine Betrachtung der Dynamik solcher Kennziffern, noch der ökonomisch so außerordentlich wichtigen Arbeitsproduktivität und des Verhältnisses der diese darstellenden Elemente der Rentabilität oder der Rückflußdauer enthalten. Die Benutzung der kapitalistischen Kategorien des Zinses und der Kapitaltilgung konnte festgestellt werden, jedoch nicht die Heranziehung der genannten für die sozialistische Ökonomie entscheidenden Kategorien. Welche Methode ist bei der Nutzeffektermittlung im Investitionsgutachten anzuwenden?

6.1 Der Effekt einer *technischen* Produktionsanlage kann nur in seiner *ökonomischen* Wirkung festgestellt werden. Dazu dienen *technisch-wirtschaftliche Kennziffern*, d. h. Verhältniszahlen, die die wirtschaftliche Anwendung der Technik charakterisieren.

6.2 Zu einer Beurteilung ist ein Maßstab notwendig. Diesen Maßstab bietet der *Vergleich* derselben Kennziffern verschiedener aber produktionsmäßig gleichartiger Objekte.

6.3 *Eine einzige* solche charakterisierende Kennziffer kann zwar eine orientierende Größenordnung angeben, sie besitzt aber nur eine sehr geringe Aussagekraft, weil die beiden Größen dieser Verhältniszahl wieder von vielen Faktoren beeinflußt sind und selbst eine Zusammenfassung verschiedener dritter Größen darstellen. Hier muß

NOTKIN[6]) widersprochen werden, obwohl er selbst viele andere entscheidende Faktoren erörtert. Nehmen wir eine solche einzelne oder umfassende Kennziffer wie

spez. Selbstkosten	in DM/kWh	
spez. Anlagekosten	in DM/kW	oder
spez. Brennstoffverbrauch	in kg/kWh	
oder spez. Wärmeverbrauch	in kcal/kWh	

für das gesamte Objekt an, so ist zu erkennen, daß sich bei einem Vergleich dieser Kennziffern noch nicht feststellen läßt, worauf ein für das Objekt negatives oder positives Ergebnis zurückzuführen ist. Daraus ergibt sich, daß uns nur ein ganzes *Kennziffernsystem* in die Lage versetzt, die Vielfalt der Einflußgrößen, also die Ursachen der Vergleichsabweichungen zu erkennen und konkrete Schlußfolgerungen auf Einzelteile und Einzelproportionen innerhalb des Projektes zu ziehen. Wenn auch der Vergleich anhand einer solchen o. g. umfassenden Kennziffer günstig ausfällt, so ist damit doch nicht gesagt, ob alle Möglichkeiten der Senkung des Aufwandes bei höchstem Effekt ausgeschöpft sind. Dies offenbaren erst die Kennziffern, die sich mit den Details befassen.

6.4 Auch die der Rückflußdauer zugrunde gelegten und notwendigerweise von den Vorrednern in Abstraktion abgeleiteten Formeln aus der Marxschen Reproduktionstheorie[7]) sind nicht aussagekräftig genug. Die einzelnen Bestandteile der Marxschen Reproduktionsformel sind wiederum Summen von Einzelwerten, die über die Technologie und deren Wirkungsgrad sich gegenseitig beeinflussen. Insbesondere scheinen sie mir — einzeln verwendet — die Gefahr zu bergen, daß sich das Urteil allein auf die Kosten, allein auf das Wertgesetz stützt. Die Notwendigkeit der Ausnutzung des Wertgesetzes braucht nicht besonders betont zu werden, aber es erfaßt keineswegs die volkswirtschaftliche Seite, weder sämtliche politischen noch ökonomischen Seiten eines Projektes.

7. *Der Variantenvergleich mit Hilfe des Kennziffernsystems* für Investitionen am Beispiel eines Kraftwerkes müßte in einem vollkommenen Gutachten unter Verwendung der Vorschläge von SCHULZ[8]) etwa folgende Kennziffern enthalten:

Vergleichsobjekt und Projekt:

Bezeichnung	Kurzzeichen	Mengeneinheit	Vergleichs-objekt (1)	Projekt (2)
Kapazität: Leistung	P_i	MW	228	300
Jahresproduktion	P_r	10^6 kWh	2030	2100
Investitionskosten gesamt	I	TDM	298250	310680
Selbstkosten im Jahr gesamt	$SK \cdot P_r$	TDM	36265	34840
davon Abschreibungen		TDM	10750	11160
Grundmaterial		TDM	12915	11400
Lohn (einschl. SVK)		TDM	3927	2980
Gemeinkosten u. a.		TDM	8673	9300
Zahl der Maschinen			9	5
Zahl der Beschäftigten			775	480

[6]) A. J. NOTKIN, Die Bestimmung des ökonomischen Nutzeffektes von Investitionen. Verlag Die Wirtschaft, Berlin 1955.

[7]) KARL MARX, Kapital Bd. III.

[8]) F. SCHULZ, Einige wirtschaftliche Fragen des Aufbaues von Kraftwerken in der ČSR. Energietechnik, H. 7 (1957).

Bezeichnung	Mengen-einheit	Vergleichs-objekt (1)	Projekt (2)	Beurtei-lung (2)
I. Gesamtbeurteilung				
1. Spez. Anlagekosten d. gesamten Investitionsobjektes	DM/kW	—	—	
2. a) Spez. Anlagekosten d. Zusatzinvestitionen [9])	DM/kW	—	—	
b) Projektierungskosten (Anteil an „1“)	%	2,2	2,4	±
3. Spez. Anlagekosten	DM/kW	1036	1036	±
4. Spez. Produktionsanlagen	DM/kW	915	889	±
5. Anteil von „4“ an „3“	%	88	86	—
6. Bedienungsfaktor (je Prod.-Arbeiter)	Pers/MW	—	—	
7. Bedienungsfaktor (je Gesamt-Beschäftigter)	Pers/MW	2,7	1,6	+
8. Arbeitsproduktivität, Bruttoprodukt. (je Produkt.-Arbeiter)	kWh/Pers/Jahr	—	—	
9. Arbeitsproduktivität (je Gesamtbeschäftigter)	10^6 kWh/Pers	2,62	4,37	+
10. Kapazitätsausnutzung $\frac{P_v}{P}$	(wobei P_v = verfügbare Engpaßleistung P = install. Leistung)			
11. Benutzungsdauer	h	7040	7000	—
12. a) Teilproduktion nach Monaten	kWh nach Monaten			
b) Inbetriebnahme von Teilleistungen	MW nach Monaten	96 MWin. 25. Mon.	100 MW u. 15 Mon.	+
c) Gesamtbauzeit	MW/Monat	8,2	10,0	—
13. Spez. Selbstkosten	DM/kWh	0,0178	0,0166	+
14. Kostenanteil d. Amortisationen an SK	%	29,7	32,1	+
15. a) Spez. Wärmeverbrauch	kcal/kWh	3450	2760	+
b) Heizwert d. Brennstoffe	kcal/kg	1950	1700	+
16. a) Brennstoffkostenanteil an SK	%	35,3	33,2	+
b) Spez. Wärmekosten	DM/10^6 kcal	0,182	0,200	—
17. Elektr. Eigenbedarf	%	5,02	7,0	—
Dampf-Eigenbedarf	%	3,5	4,7	—
18. Transportkosten	DM/10^6 kcal	—	0,003	—
19. Aschetransportkosten	DM/kcal Kohle	—	—	
20. Lohnkostenanteil an SK	%	10,8	8,5	+
21. Gemeinkostenanteil an SK	%	24,2	26,2	—
22. a) konst. Selbstkostenanteil	%	64,7	66,8	+
b) proport. Selbstkostenanteil	%	35,3	33,2	—
23. Verhältnis d. vergangenen z. lebendigen Arbeit bei der Produktion (Amortisation u. Brennstoff zu Lohn)	%	83,2	86,8	+
II. Beurteilung des baulichen Teiles				
24. Spez. gebundener Flächenbedarf	m^2/kW	0,142	0,162	—
25. ausgenutzter Anteil v. Pos. 24	%	23,6	20,3	—
26. Spez. umbauter Raum	m^3/kW	1,917	2,125	—
27. Spez. Baukosten				
a) insgesamt	DM/kW	202	270	—

[9]) Zusatzinvest. sind die innerhalb dieses Betriebes durch das neue Produktionsobjekt notwendigen Folgeinvestitionen.

Bezeichnung	Mengen-einheit	Vergleichs-objekt (1)	Projekt (2)	Beurtei-lung (2)
b) Anteil an 4	%	22,1	30,4	—
c) u. d) Hauptanlagen	DM/kW	105	124	—
e) u. f) Transportanlagen	DM/kW	23	35	—
g) u. h) Hilfsbetriebe	DM/kW	71	103	—
i) kult. u. soz. Nebenanlagen	DM/kW	3	8	+
k) umbauter Raum	DM/m^3	57	63	—
l) Kostenanteil der lebendigen Arbeit an „27a"	%	—	—	
28. Spez. Baumaterialaufwand				
a) Zement	t/MW	1051	1307	—
b) Moniereisen	t/MW	165	170	—
c) Bauholz	m^3/MW	285	235	+
29. Baukostenanteil der Fertigbauteile an Pos. „28"/1%	DM/kW	—	—	

III. Beurteilung des technologischen Teils

30. Spez. Anschaffungskosten des technologischen Teils				
a) insgesamt	DM/kW	713	619	+
b) Anteil an Pos. „4" (akt. Anlagefonds)	%	77,9	69,6	—
c) Montagekosten	DM/kW	208	165	+
d) Anteil d. Montagekosten an 30a (Kostenanteil der lebendigen Arbeit an den technologischen Kosten)	%	29,2	25,6	+
31. Konzentration a)	MW/Masch.	32	60	+
b)	t/h Kessel	—	—	
32. Wasserbedarf	m^3/kWh			
a) Speisewasser	m^3/kWh	—	—	
b) Kühlwasser	m^3/kWh	—	—	

IV. Nutzeffekt-Kennziffer

33. Selbstkostensenkung				
$\Delta SK = SK_1 - SK_2$	(DM/kWh)	—	0,0011	
wobei SK_1 = bisherige Selbstkosten (Bestwert im Industriezweig) SK_2 = projektierte Selbstkosten (vgl. Pos. 10)				
34. Rentabilitätsrate				
$r = \frac{RE}{SK \cdot P_r} \cdot 100$	(%)	40,5	50,6	+
35. Rückflußdauer der Investitionsmittel bei Neuinvestitionen				
$Rd = \frac{J}{a' + (\Delta SK \cdot P_r)}$	(Jahre)	33	29	
bei Ersatzinvestitionen				
$Rd = \frac{J - S + Z}{a' + (\Delta SK \cdot P_r)}$	(Jahre)			

Bezeichnung	Mengen-einheit	Vergleichs-objekt (1)	Projekt (2)	Beurtei-lung (2)
wobei J = Investitionsaufwand (DM)				
a = Abschreibung (DM/Jahr)[10])				
a' = Abschreibung abzgl. Aufwand der Generalreparaturen (DM/Jahr)				
P_r = projektierte (gepl.) Produktionsmenge (kWh/Jahr)				
RE = jährl. Reineinkommen des Kraftwerkes (Bruttogewinn) (DM/Jahr)				
S = Schrottwert der zu ersetzenden Anlage				
Z = Zusatzinvestitionen infolge der Ersatzanlage				

8. Obwohl die Vergleichsergebnisse der Kennziffern schon für sich sprechen, sollen einige *kritische* Bemerkungen sowohl zur Methode als auch zum durchgeführten Beispiel gegeben werden:

8.1 I bis III sind die Analyse, ohne die der rein kostenmäßige Nutzeffekt seine Beweiskraft und Aussagekraft für Verbesserungen verliert. Die Zahl der Kennziffern erscheint sehr hoch, sie sind aber sehr leicht zu ermitteln, jedoch kann sich sogar ergeben, daß bei negativem Ergebnis des Vergleiches von einzelnen Kennziffern diese Analyse mit weiteren Kennziffern fortgeführt werden muß.

8.2 Zu empfehlen ist ferner für jedes projektierte Objekt auch die projektierte *Abhängigkeit der Selbstkosten und ihrer Anteile von der Jahresbenutzungsdauer* (vgl. Abb. 4) zu ermitteln und grafisch darzustellen, ja sogar dem Vergleichsobjekt in der Grafik gegenüberzustellen, ähnlich wie es mit den extremen Typen der Grundlast- und Spitzenkraftwerke in Abb. 6 im rechten unteren Quadranten vorgenommen wurde. Die Abb. 4 gibt das Verhalten der Kennziffer „23" — entscheidend für die Betrachtung der einzelnen Kostenkategorien bei der Veränderung der Arbeitsproduktivität — im Laufe der gesamten Lebensdauer während des Absinkens der Benutzungsstunden wieder.

9. Häufig wird Kritik an den *Brennstoffpreisen* geübt, und zwar aus der zunächst begründeten Berücksichtigung des Verhältnisses von konstanten zu proportionalen Kosten, zumal eben die proportionalen Kosten des Materialverbrauchs in Form des Brennstoffes bei Kohlekraftwerken bis ca. 50% der Selbstkosten ausmachen.
Selbstverständlich können finanziell unterbewertete Brennstoffe zu falschen Entwicklungen der Parameter, Zwischenüberhitzung, Intensivierung der Vorwärmungs- und der Kühlungsprozesse (vgl. Abb. 8) führen. Jedoch trifft nach einer authentischen Auskunft des Ministeriums[11]) die Behauptung nicht zu, die durchschnittlichen Förderkosten der Braunkohle seien höher als der Durchschnittserlös. Im Gegenteil liegt zwischen beiden im vollen Umfange die gesetzlich festgelegte Spanne für Produktionsabgabe und Gewinn.

[10]) Die Amortisationssätze dürfen keinesfalls in ihrem vollen Umfang in diese theoretische Rechnung eingesetzt werden, weil sie z. T. und vorrangig für die einfache Reproduktion in Form der Generalreparatur GR Verwendung finden, so daß für die einfache Reproduktion der Wiederbeschaffung durch Rückfluß der Mittel nur die Abschreibungen abzüglich der Generalreparaturen benutzt werden können.

[11]) Jetzt Staatliche Plankommission, Abteilung Kohle und Energie.

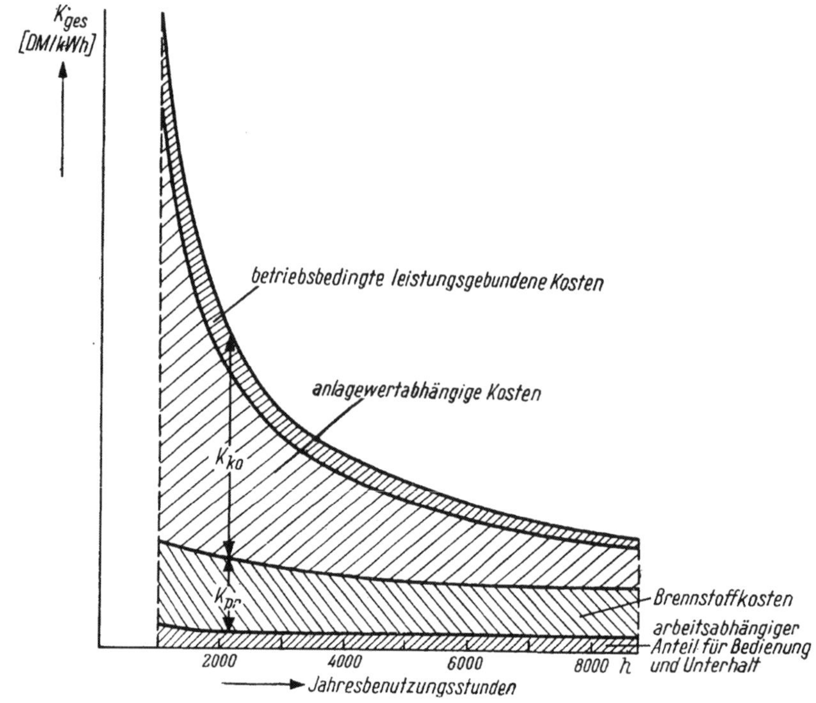

Abb. 4. Abhängigkeit der spezifischen Erzeugungskosten eines Braunkohlenkraftwerkes für Grundlastbetrieb

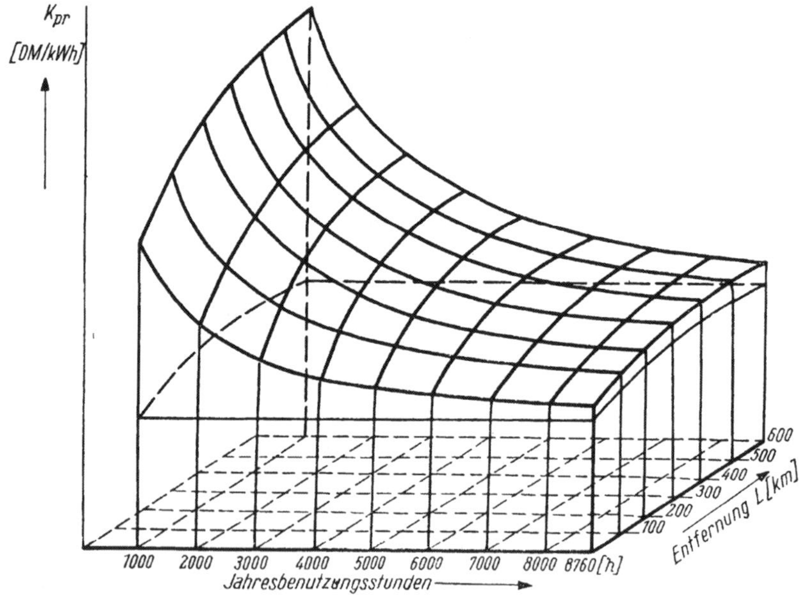

Abb. 5. Arbeitsabhängige Kosten K_{pr} eines Dampfkraftwerkes in Abhängigkeit von der Jahresbenutzungsdauer und der Entfernung der Elektroenergieerzeugung von der Kohlengrube

Jedoch handelt es sich um Durchschnittsangaben. Für das einzelne Kraftwerksprojekt müssen die tatsächlichen Förderkosten der in Frage kommenden Kohlegruben herangezogen werden sowie die dabei unterschiedlichen Transportentfernungen für Kohle und Asche. Es muß außerdem die unterschiedliche Wertigkeit der Kohle in Naturaleinheiten, kcal berücksichtigt werden (vgl. Abb. 5); denn einen Mangel haben unsere Kohlenpreise, indem sie nur im beschränkten Umfange der Wertigkeit der einzelnen Kohlelieferungen oder der Kohle bestimmter Gruben entsprechen.

Es ist deshalb notwendig:

9.1 Der Projektant erhält interne Kalkulationspreise für 1 t Braunkohle der für das Projekt vorgesehenen Liefergrube genannt.

9.2 Der Wirtschaftlichkeitsvergleich wird nicht nur auf Basis der Selbstkosten (DM/kWh), sondern auch mit dem Wärmeaufwand (kcal/kWh) vorgenommen, was ohnehin dem Energiewirtschaftler am nächsten liegt, weil die wirtschaftlichste Verwendung der Energie durch diese Kennziffer „15" zum Ausdruck kommt.

Selbstverständlich ist bekannt, daß — wie in allen Ländern — ständig Kohlelagerstätten mit einem höheren Verhältnis Abraum:Flöz zur Förderung gelangen. Dies würde die Förderkosten rasch steigern, wenn nicht eine hohe Mechanisierung der Förderanlagen und vor allem eine hohe Konzentration modernster Großraumförderbrücken gleichzeitig gegenläufig für eine entsprechende Senkung der Förderkosten sorgen würde.

10. Aus den Kennziffern 14, 16a, 20 und 21 — also der groben Struktur der Selbstkosten — können bestimmte Beziehungen abgeleitet werden. Brennstoffe zu Amortisation des Projektes verhalten sich wie etwa 1:1. Das heißt, die Erhöhung der Investitionssumme mit der Absicht der Brennstoffeinsparung muß geringer sein als die Senkung der Brennstoffkosten, um noch eine Erhöhung der Effektivität zu erreichen. Und außerdem müssen hier die zahlenmäßig nicht erfaßbaren volkswirtschaftlichen Überlegungen die Grenze setzen (Import von hochlegiertem Stahl oder des Gesamt-Investfonds des Planjahrfünfts u. a. m.) — Das Verhältnis Lohn zu Amortisationen mit rund 1:3,8 muß der Maßstab für zusätzlichen Investitionsaufwand zwecks Verringerung der lebendigen Arbeit sein. Eine solche Steigerung der Investitionen muß mindestens das 4fache an Personaleinsparungen erbringen. Jedoch kann die Volkswirtschaft aus Gründen des Arbeitskräftemangels oder der Verbesserung des Lebensstandards durch Einführung der 40-Stunden-Woche bewußt von dieser finanzökonomischen Überlegung abgehen.

11. Für den Variantenvergleich ist zwar maßgebend die vom Planträger oder Auftraggeber festgelegte Benutzungsdauer, aber infolge des ständigen Zuganges an neuen wirtschaftlicheren Kraftwerken in der Zukunft wird auch das vorliegende beurteilte Kraftwerksobjekt später mit geringerer Benutzungsdauer eingesetzt werden müssen — insbesondere bei dem zu erwartenden Zugang von Grundlast-Atomkraftwerken (Abb. 6). Daher ist es wertvoll, auch die Tendenz der in Abb. 6 (linker oberer und rechter unterer Quadrant) dargestellten sinkenden bzw. steigenden Kosten der Energieerzeugung festzustellen. Dadurch wird auch die Kennziffer „22", die gleichfalls ein Kriterium der Steigerung der Arbeitsproduktivität bedeutet, auf längere Zeit berücksichtigt. Im übrigen kann die in Abb. 6 wiedergegebene Überlegung bei der Perspektivplanung und auch Vorplanung zur notwendigen Auswahl der Kraftwerkstype dienen.

12. Der Hinweis scheint noch wichtig, daß die Kennziffernvergleiche nur für Objekte mit gleichem Produktionszweck vorgenommen werden dürfen, wobei außerdem analog Abb. 6 möglichst gleiche Produktionsmengen und gleiche Belastungscharakteristik zugrunde

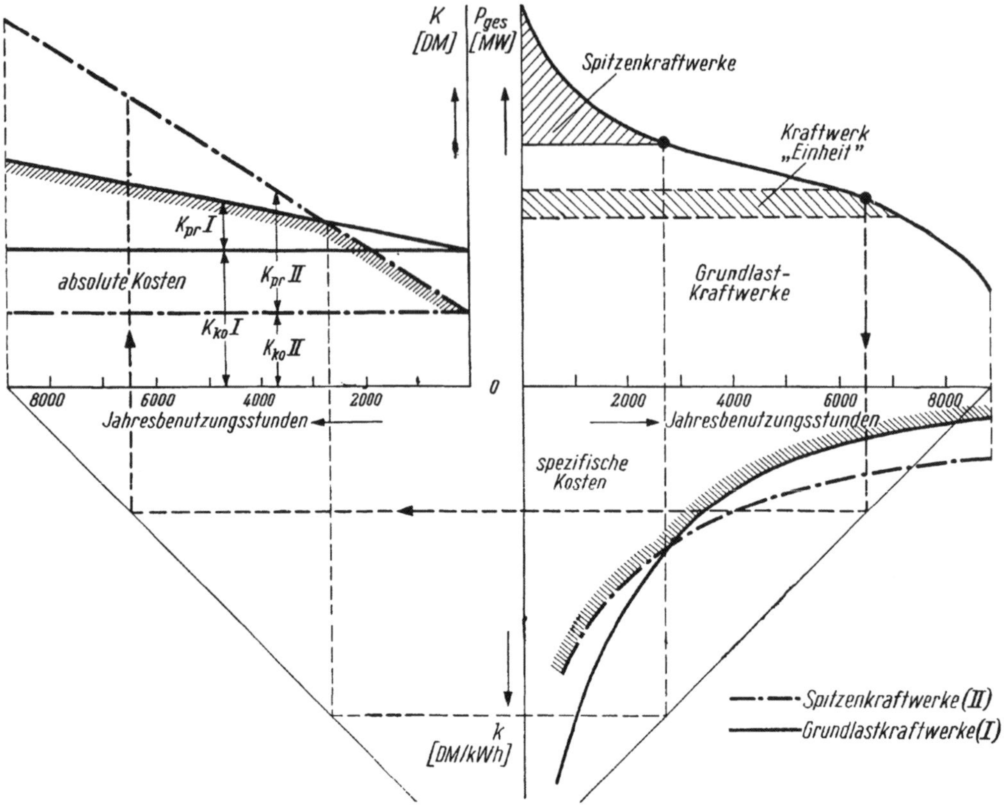

Abb. 6. Kraftwerkseinsatz und Erzeugungskosten

gelegt werden sollen. Aus diesem Grunde konnten auch nicht bekannte Kraftwerksprojekte der DDR verglichen werden, weil es sich entweder um Fortsetzungsbauten handelt oder z. B. die Projekte Kraftwerk Lübbenau, Pumpspeicherwerk Amalienhöhe und Heizkraftwerk Pirna völlig unterschiedliche Typen mit restlos unterschiedlicher Aufgabenstellung innerhalb der Elektroenergieerzeugung sind, so daß auch zwischen diesen ein Vergleich nicht gestattet ist. Aus diesem Grunde wurden auch nicht zwei Projekt-Varianten, sondern nur ein Projekt mit einem in Betrieb befindlichen Objekt verglichen, wobei aber noch zu erwähnen ist, daß innerhalb eines Projektes die Berücksichtigung mehrerer Varianten durchaus möglich und auch notwendig ist, z. B. die Wahl Frischwasser- oder Rückkühlbetrieb.

13. Bei der Betrachtung des gewählten Beispiels könnte der Eindruck entstehen, daß bereits die erste Gegenüberstellung der Nenndaten und die zugehörige Ermittlung der spezifischen Selbstkosten sowie des spezifischen Wärmeverbrauchs genügen könnte, um sich für das neue Projekt zu entscheiden. Diese wenigen Daten und Kennziffern sind auch in den meisten neueren betriebswirtschaftlichen und volkswirtschaftlichen Gutachten nur angegeben, aber nicht einmal in Form des Vergleichs mit einem anderen bekannten modernen Projekt. Soweit kein eigenes vergleichbares Objekt vorliegt, ist es überhaupt ratsam, zusätzlich einen Vergleich mit den modernsten ausländischen Objekten anzustellen. Dabei kann jedoch ein Vergleich finanzieller (wertmäßiger) Kennziffern nur bedingt vorgenommen werden.

Jedoch genügt diese einfache Form nicht, weil sie trotz günstiger Aussage, bekräftigt durch den Vergleich mit einem vorhandenen Objekt oder einer projektierten Variante, noch nicht nachweist, daß alle Möglichkeiten der Senkung des Aufwandes, der Kosten, der Steigerung der Arbeitsproduktivität ausgeschöpft worden sind, daß also bei noch höherer Qualität der Projektierung und der wirtschaftlichen Überlegungen ein noch günstigerer Nutzeffekt hätte erreicht werden können. Von diesen technischen Faktoren zur Steigerung der Arbeitsproduktivität zeigen uns die Abbildungen 7 und 8 einige bekannte Beispiele.

Es ist aber offensichtlich, daß alle diese Tendenzen asymptotisch verlaufen, daß also in Zukunft der Steigerung des Aufwandes an wertvollen Materialien und Anlagen ein immer geringerer Nutzen durch Senkung des spezifischen Wärmeverbrauchs gegenübersteht. Ob alle Möglichkeiten ausgeschöpft wurden, soll am Beispiel des baulichen Teiles skizziert werden, der offensichtlich verursacht, daß der Anteil des aktiven Anlagefonds (30b) gesunken ist. Es muß untersucht werden, warum ausgerechnet bei einer verbesserten Konstruktion der Produktionsinstrumente der Flächenbedarf gestiegen statt gesunken ist (24 u. 25), denn eine Erweiterung ist nicht geplant. Er wurde zu großzügig projektiert. Die Kennziffer „27" zeigt, daß es richtig war, die Baukosten näher zu untersuchen, nachdem Flächenbedarf (24) und umbauter Raum (26) gestiegen und als negativ zu beurteilen waren. Haupt- und Hilfsanlagen sind gründlich zu untersuchen, die Anordnung der Gesamtanlage scheint ungünstig, weil die Baukosten der innerbetrieblichen Transportanlagen (27/5 und 6) auf etwa 150% gestiegen sind. Es kann aber unter Umständen eine hohe Mechanisierung gegenüber der Anlage 1 zu verzeichnen sein, die den geringeren Arbeitskräftebedarf und den geringeren Bedienungsfaktor „7" gemeinsam mit der höheren Konzentration der Kessel- und Maschinenanlagen „31" bewirkte. Auf jeden Fall bedürfen die Baukosten einer weiteren gründlichen Untersuchung, nicht nur nach Baumaterialaufwand („28"), sondern auch deshalb, weil die zwar absolut gesunkenen spezifischen Maschinenanschaffungskosten („30") infolge der erhöhten Baukostenanteile auch in ihrem Anteil am produktiven Anlagewert (30/2) gesunken sind.

Zu untersuchen wäre u. a., ob eine ungenügende Mechanisierung der Bauarbeiten, die ungenügende Einführung von Fertigbauteilen vorliegt, ob Wärme- und Elektrowarte zusammengefaßt wurden oder ob eine kostensparendere bauliche Verbindung zwischen Kessel und Gebäude usw. usw. möglich ist.

Die Kennziffer 30/d zeigt, daß die Kosten der lebendigen Arbeit im höheren Maße als die Ausrüstungskosten gesunken sind. Der technologische Teil bedarf also keiner weiteren Untersuchung, da insgesamt positiv.

14. Auch die Projektierungskosten verdienen noch eine Untersuchung. Sie sind hier von 2,2% auf 2,4% gestiegen, das kann trotzdem als positiv gewertet werden, weil es sich eventuell um die Projektierung einer neuen Type mit Vor- und Nachschaltanlagen, größeren Kesseln usw. handelt.

15. Infolge der geringeren spezifischen Selbstkosten („13") bei allerdings gleichbleibenden spezifischen Gesamtanlagekosten („3") treten entsprechende Kostensenkungen ein und die Betrachtungen der Rentabilität („34" u. „36") fällt bei einheitlichen Industrieabgabepreisen ohne Berücksichtigung der Produktionsabgabe gleichfalls positiv aus.

16. Das in der letzten Spalte „Beurteilung" gegebene positive oder negative Zeichen darf keinesfalls so ausgelegt werden, als könne man durch eine Summation der Ergebnisse ein abschließendes Gesamturteil fällen, sondern diese Zeichen sollen nur kennzeichnen, ob der Vergleich der jeweiligen Einzelkennziffern befriedigend (+) ist oder noch weitere tiefere Untersuchungen erfordert (−).

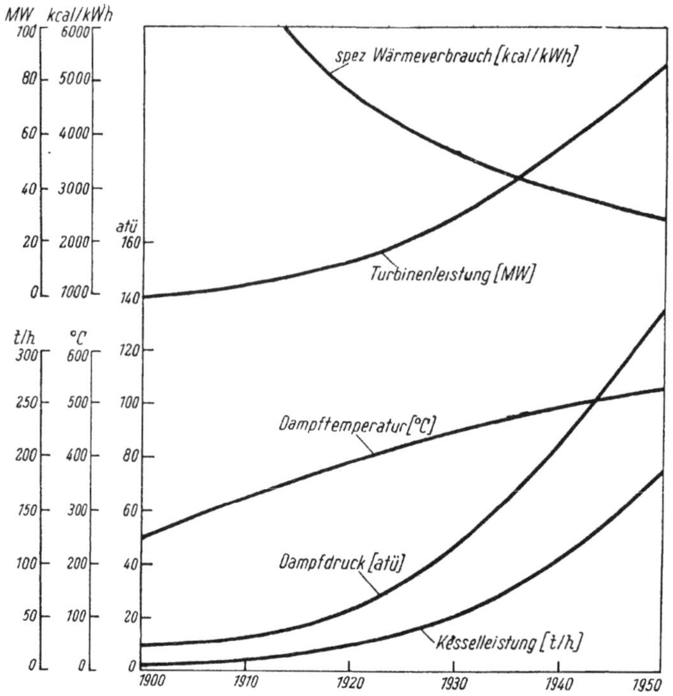

Abb. 7. Entwicklung des Kraftwerksbaues

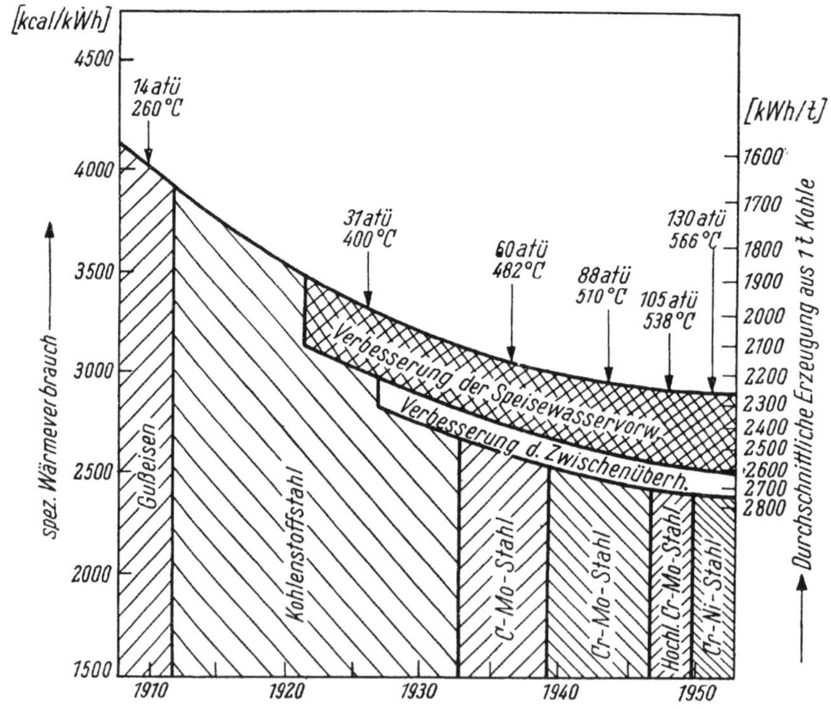

Abb. 8. Entwicklung des spez. Wärmeverbrauchs

17. Der *Abschnitt IV* ist insbesondere für den Betriebswirtschaftler interessant. Trotz der positiven Vergleichsergebnisse der Kennziffern 33—35 kann man sich nicht zufrieden geben, weil die Kennziffer 21 einen höheren Gemeinkostenanteil des Projektes gegenüber dem vorhandenen Objekt aufzeigte und sicher auch Schuld trägt an der noch ungenügenden Entwicklung der vergangenen zur lebendigen Arbeit in der Kennziffer 23. Daraus ergibt sich, daß noch weitere Reserven vorhanden sind und noch günstigere Ergebnisse für die analytischen Zahlen 33—35 erreicht werden können. Wir sehen auch daraus, daß die von den Finanzökonomen gern angewandte Rentabilität oder Rentabilitätsrate allein nicht aussagekräftig genug ist.

18. Abschließend einige Bemerkungen zur *Rückflußdauer*, die große Bedeutung für die Volkswirtschaft besitzt, da sie anzeigt, wann der Mehraufwand an Investitionen erwirtschaftet wird, und wann die Investitionsmittel der Gesellschaft für die Reproduktion wieder zur Verfügung stehen. Zur Erläuterung dient die Abb. 9.

19. Die Darstellung ist absichtlich ohne die Beachtung des Produkts für die Gesellschaft vorgenommen. Infolge der Differenz der Rückflußdauer der beiden Vergleichsobjekte von 29 und 33 Jahren bewirkt die reine Selbstkostensenkung, daß die für eine höhere installierte Leistung notwendigen höheren Investitionsmittel bereits nach 8jähriger Nutzung zurückgeflossen sind, also bedeutend früher als dies durch den Rückfluß der planmäßigen Abschreibungen geschehen wäre. Weiterhin zeigt sich, daß auch nach dem verkürzten Rückfluß der Investitionsmittel infolge der Selbstkostensenkung noch weiterhin zusätzlich die gleichen jährlichen Abschreibungsbeträge der Gesellschaft planmäßig zufließen. Die gesamte Einsparung ist abhängig von

a) der Einsparung an Betriebskosten,
b) dem erhöhten Amortisationsrückfluß nach dem planmäßigen Rückfluß der Investitionsmittel.

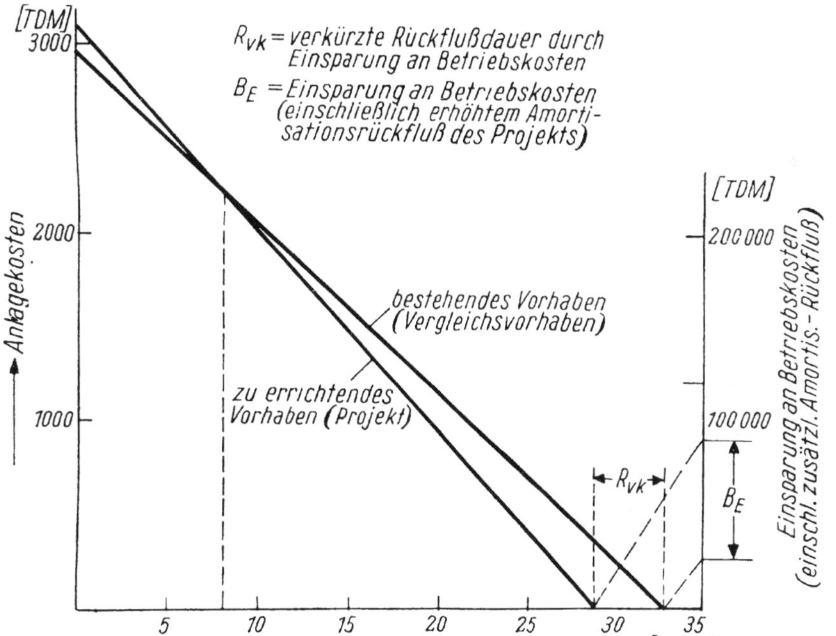

Abb. 9. Rückfluß der Investitionsmittel und Einsparung an Betriebskosten

Berücksichtigt man das Produkt für die Gesellschaft im Rahmen der gesamten erweiterten Reproduktion, so ergeben sich noch günstigere Ergebnisse, weil der verringerte Brennstoffverbrauch oder der geringere Bedarf an Arbeitskräften an anderer Stelle der Volkswirtschaft die Möglichkeit einer Produktionserhöhung oder zusätzlicher Erzeugung eines Mehrprodukts schaffen. Im übrigen bestehen Unklarheiten über das derzeitige Verhältnis Mehrprodukt zu „Produkt für sich" und vor allem dessen Entwicklung bei einer solchen Betrachtung für 30 Jahre im Zeitalter der Automatisierung und dem raschen Produktionsanstieg beim Aufbau des Sozialismus. Übrigens zeigt die Abb. 9 auch, daß bei einem raschen moralischen Verschleiß gegenüber dem physischen Verschleiß bei der Investitionspolitik eine Erhöhung der Grundmittel nur zwecks Verlängerung der physischen Lebensdauer keinen volkswirtschaftlichen Wert besitzt. Neben der Bindung dieser Mittel tritt eine Verzögerung in der Steigerung der Arbeitsproduktivität nach einigen Jahren ein.

Es kann die Frage aufgeworfen werden, daß durch diese Methode der immerwährenden Verbesserung der Kennziffern von Anlageteilen schließlich die zunächst ungünstigere Projekt-Variante auf das Niveau der günstigeren gehoben werden könnte. Darauf ist zu antworten, daß dies der Sinn dieser Vergleichsmethode mit einzelnen Analysen und Verbesserungen ist, wobei bedacht werden muß, daß in den meisten Fällen nur eine bestimmte Technologie den höchsten Nutzeffekt erringen kann, ansonsten die Technologie der einen Variante in die Technologie der anderen umgewandelt werden müßte. Die erste grundsätzliche Entscheidung bei der Wahl zwischen den Varianten wird durch gewisse Hauptkennziffern erleichtert.

Die wichtigste derartige Hauptkennziffer ist die Verbesserung der gesellschaftlichen Arbeitsproduktivität in Finanz- oder Naturalwerten, die sich insbesondere aus der Verbesserung der Kennziffern im Abschnitt I-Gesamtbeurteilung wie Senkung des spezifischen Brennstoffverbrauches, des Bedienungsfaktors usw. ergibt. Den Kennziffern 6—9 ist auch die Kennziffer 31 hinzuzufügen, die gemeinsam die Konzentration der elektrischen Leistung und elektrischen Arbeit ausdrücken. Diese Konzentration ist von großer Bedeutung, weil bekanntlich die meisten Hilfs- und sämtliche Nebenanlagen, die Zusatz- und Folgeinvestitionen in bedeutend geringerem Maße zunehmen als die installierte Leistung der Hauptausrüstung des Kraftwerks. Das müßte z. B. die Beurteilung des bautechnischen Teiles zeigen. Außerdem ist gleichfalls allgemein gültig, daß doppelt so große Kessel, Turbinen, Transformatoren usw. nicht doppelt so viel kosten.

Zusammenfassung

Aufbauend auf den zwei vorangegangenen Vorträgen über die Berechnung der Wirtschaftlichkeit im Kapitalismus und des ökonomischen Nutzens im Sozialismus wird anhand der Anlagen-Intensität und des Verbundcharakters der Elektroenergieversorgung die dringende Notwendigkeit der gründlichen Nutzeffekt-Ermittlung vor Durchführung von Investitionsobjekten und die Vorrangigkeit des volkswirtschaftlichen gegenüber dem betriebswirtschaftlichen Nutzeffekt begründet. Die Projekte bisher durchgeführter Energie-Investitions-Objekte weisen unzulängliche Gutachten auf, die ohne Maßstab keinen Vergleich mit modernsten Anlagen zulassen und keine Aussagekraft besitzen, ob die tatsächlich vorhandenen Möglichkeiten der technisch-ökonomischen Verbesserungen ausgeschöpft wurden.

Neben der Festlegung, in welchem Stadium des Planungs- und Projektierungsablaufes ein Gutachten über den Nutzeffekt angestellt werden kann und muß, wird anhand von

Dampfkraftwerksobjekten eine Kennziffern-Methode zum Zwecke der Ermittlung des Nutzeffektes dargestellt, die damit begründet wird, daß

1. ein Beurteilungsmaßstab sich nur aus dem Vergleich mit gleichartigen modernsten Objekten ergeben kann,
2. eine einzige, auch umfassende Kennziffer nicht aussagekräftig ist, weil eine große Zahl von technischen und ökonomischen Faktoren die Wirtschaftlichkeit eines Objektes beeinflussen, Produktionsstätten eine Kombination vieler Technologien sind und nicht die Reserven der Details des Objektes aufzeigen.

Mit Hilfe eines Zahlenbeispiels in Anlehnung an Objekte der Praxis wird eine solche Nutzeffekt-Ermittlung unter Kritik genommen und festgestellt:

1. Die Ausnützung der ökonomischen Gesetzmäßigkeiten wie die der steten Steigerung der Arbeitsproduktivität oder des Wertgesetzes kann eindeutig erkannt werden.
2. Die Zahl der Kennziffern kann je nach dem Ergebnis der Detail-Kennziffern-Vergleiche vermindert oder sie muß erhöht werden.
3. Eine Erhöhung der spezifischen Investkosten muß kleiner sein als die durch technische Maßnahmen erreichte Brennstoffeinsparung.
4. Die Ermittlung der Rentabilität oder Rentabilitätsrate ist allein nicht aussagekräftig. Für die Volkswirtschaft und die Betriebswirtschaft ist schließlich die Errechnung der Rückflußdauer der Investitionsmittel von großer Bedeutung. Dabei ergibt sich die Erkenntnis, daß zusätzliche Investitionsaufwendungen allein zum Zwecke der Verlängerung der Lebensdauer infolge des moralischen Verschleißes vermieden werden müssen.

Es wird außerhalb der Kennziffern empfohlen, auch den Grad der Dynamik der Kostenstruktur in Abhängigkeit von der Jahres-Benutzungsstundenzahl des Objektes festzustellen, weil infolge des ständigen Zuganges neuer wirtschaftlicherer Kraftwerke im Laufe der Lebensdauer jedes Objekt später Mittel- oder Spitzenlast mit geringerer Benutzungsdauer und höheren Selbstkosten im Rahmen der Verbund-Erzeugung der Elektroenergie decken muß.

Mit 9 Abbildungen, hauptsächlich graphischen Darstellungen und einem Nomogramm, werden die Darlegungen untermauert.

Diskussionsbeiträge zum Kolloquium

Prof. JANTE: Wir haben durch die Vorträge eine schöne Übersicht bekommen und es ist nun natürlich bei der Fülle des Materials schwierig, sofort die Sache soweit zu ordnen, daß wir schon durch die Diskussion alle Fragen entscheiden können; aber wir wollen versuchen, wenigstens einige Fragen zusätzlich zu klären. Zum Beispiel: Herr Bordag, bei Ihren Ausführungen sagten Sie, daß ja die sozialistische Wirtschaft einmal durch den Plan gelenkt wird und daß Sie außerdem noch eine zweite Lenkungskraft einsetzen in dem Preis, der vom Wert soweit abweichen kann oder soll, damit er die wirtschaftliche Betätigung in die gewünschte ökonomische Richtung lenken soll. Nach unseren Erfahrungen sind wir etwas skeptisch, daß wir dem Preis eine solche Lenkungsfunktion zuerkennen sollen, soweit es sich nicht um Konsumgüter handelt. Wenn der Preis festgesetzt wird, hat man meist noch keine Übersicht über die möglichen Folgen. Wenn es dann schief gegangen ist, dann wird korrigiert, aber dann ist es schon zu spät. Wenn z. B. ein Projekt zu günstigeren Ergebnissen führen könnte, aber ein Rohstoff vorausgesetzt wird, den wir nicht haben, dann wird sich ja bei den Untersuchungen hierzu bald herausstellen, ob das Projekt realisierbar ist. Es hat also keinen Zweck, den knappen Rohstoff durch einen verhältnismäßig hohen Preis zu decken. Das wird immer ein falsches Bild ergeben. Also diese Frage schien mir noch offen zu sein.

Prof. BORDAG: Sie unterstellen hier, daß bei einer Abweichung der Preise vom Wert etwas schief gehen muß. Erfahrungen negativer Art gibt es. Das ändert aber nichts an der Gültigkeit des Prinzips. Offenbar bestehen falsche Vorstellungen über den Grad des Abweichens der Preise vom Wert. Für die Masse der Preise ist das kein allzu großes Abweichen. Ein beträchtliches Abweichen haben wir z. B. bei Luxuswaren, aber nicht bei allen Konsumtions- und Produktionsmitteln. Für Preisveränderungen gibt es unter anderem folgende Faktoren:

1. Es müssen Preise korrigiert werden, weil unsere Erfahrungen wachsen.
2. Preise müssen prinzipiell verändert werden, weil der Wert sich verändert; er sinkt stetig. Die Preise können aber nur von Zeit zu Zeit gesenkt werden.

Wir arbeiten mit Festpreisen, die in der Regel für den Zeitraum eines Perspektivplanes festgelegt werden. Festpreise sind ein unerläßliches Instrument der Wirtschaftsplanung. Es ist nicht richtig, daß wir zwei „Lenkungskräfte" haben, den Plan und den Preis. Wir produzieren der Bedürfnisbefriedigung wegen. Dem entsprechen die Planaufgaben. Die Planung aber muß auch vermittels des Wertes und des Preises verwirklicht werden; der Preis wird zum Instrument der Planung und ist dem Ziel der Produktion, der Bedürfnisbefriedigung, untergeordnet.

Prof. JANTE: Wenn wir die Preise dem Wert angleichen, so ist das ein Vorgang, den wir verstehen, aber eine Abweichung des Festpreises vom Wert mit dem Ziel, die Verbrauchsintensität von Produktionsmitteln zu lenken, das läßt uns befürchten, daß es schief gehen kann.

Prof. BEHRENS: Es ist in der Tat ein sehr kompliziertes Problem und die Ökonomen sind sich über die Zweckmäßigkeit, offen gesagt, nicht einig. Es gab z. B. in der SU lange Diskussionen darüber. Heute ist die Mehrheit der Ökonomen der Meinung, daß die Preise dem Wert entsprechen müssen. Das ist natürlich nicht so einfach, wie das gesagt ist, sondern in Wirklichkeit viel komplizierter. Im Durchschnitt der Volkswirtschaft ist die Summe der Preise gleich der Summe der Werte. Das kann man exakt beweisen. Worum es aber geht, das ist, daß einige Preise über dem Wert und einige Preise unter dem Wert festgesetzt sind. Was Herr BORDAG sagen wollte ist: es ist unzweckmäßig, bei den Berechnungen des Nutzeffektes das Abweichen der Preise von den Werten korrigieren zu wollen. Bei den Berechnungen ist es richtig, daß die Festpreise zugrunde gelegt werden. Wenn die Produktion steigt, werden die Festpreise gesenkt. Das Prinzip ist, die Festpreise haben insgesamt eine sinkende Tendenz.

Prof. JANTE: Wenn wir z. B. die Energieerzeugung in kleineren Einheiten betrachten, z. B. den Verbrennungsmotor, dann sind dort wesentliche Anteile von Steuern usw. auf dem Preis für den Kraftstoff, d. h., ich gebe für eine kWh 20 Pfg. aus, aber 15 Pfg. fließen an den Staat zurück, da der Kraftstoff nur 5 Pfg. kostet. Soll ich bei der Festlegung des Wertes nun mit 20 Pfg. rechnen oder mit 5 Pfg? Der wirkliche Wertverbrauch ist ja nur 5 Pfg. Es gibt viele Fälle, wo man nicht sagen kann, die Abweichung des Preises vom Wert ist gesteuert, sondern sie ist aus der kapitalistischen Wirtschaft noch vorhanden und übernommen. Wenn wir die Abweichung des Preises vom Wert als richtig annehmen wollen, dann müßten wir tatsächlich dabei voraussetzen, daß die Ökonomen mit höherer Einsicht begabte Wesen sind, die von vornherein richtig zielen können. Ist diese Voraussetzung nicht doch etwas zu optimistisch?

Prof. BORDAG: Auch der Kraftstoffpreis ist ein Instrument der Planung, um Produktion und Verbrauch in Übereinstimmung zu bringen. Diese Übereinstimmung wird in der Planung hergestellt durch das Bilanzsystem. Aber neben die Sachbilanz (gebrauchswertmäßige Abstimmung des Aufkommens mit dem Verbrauch) tritt die Wertbilanz, wie — vergleichsweise — in jedem volkseigenen Betrieb der Betriebsplan eine Einheit von technischem, Produktions- und Finanzplan ist. Wenn der Preis für Kraftstoff einen Haushaltaufschlag enthält, ist das in Ordnung. Würden wir den Preis von 20 Pfg. auf 5 Pfg. senken, also den Kraftstoff um drei Viertel billiger werden lassen, könnte unsere derzeitige Produktion den Bedarf bzw. die Nachfrage nicht befriedigen. Insofern wird der Preis zum Instrument der Verbrauchslenkung. Aber er ist ein Festpreis im Rahmen und für die Zwecke der Planung und dient in diesem Falle der Übereinstimmung von Produktion und Konsumtion.

Prof. BOIE: Zum Kohlenpreis: Ich halte es für gewagt, wenn man für Projekte, die eine Lebensdauer von 30 Jahren haben, einen Durchschnittspreis zugrunde legt. Der heutige Durchschnittspreis wird wesentlich von der Förderung von solchen Gruben bestimmt, die in Kürze auslaufen. Die Werke, die wir heute bauen und für die eine Wirtschaftlichkeitsbetrachtung anzustellen ist, werden von Gruben beliefert, die erst aufgeschlossen werden. Während das Verhältnis von Abraum zur Kohlenmächtigkeit früher etwa bei 2:1 lag, haben die neuen Gruben ein Verhältnis von 5:1 bis 7:1. Es ist also klar, daß die Förderkosten steigen werden, und die Bergleute sind sich darüber einig. Wir müssen den Kohlenpreis zugrunde legen, der beim Durchschnitt der Betriebszeit des Kraftwerkes entstehen wird.
Zu den Wirtschaftlichkeitsbetrachtungen selbst: Herr BORDAG hat eine neue Anlage einer alten Anlage gegenübergestellt. Es wird nicht schwer fallen, den wirtschaftlichen Nutzen einer neuen Anlage zu ermitteln und dem einer alten Anlage gegenüberzustellen. Anders liegt es bei der Auffindung der optimalen Lösung zweier neuer Projekte. Hier wurde lediglich gesagt, daß aus den Kosten für die vergegenständlichte Arbeit und die lebendige Arbeit

jeweils der optimale Wert zu suchen sei. Für uns dreht es sich nun um die Auffindung des optimalen Weges. Die eine Anlage hat hohe, die andere Lösung mag geringere Kapitalinvestitionen erfordern, die laufenden Ausgaben verhalten sich dann umgekehrt. Wir können aber diese Kosten nicht addieren oder gegenüberstellen, weil es sich um Werte handelt, die mit verschiedenen Dimensionen behaftet sind. Wir müssen alle Aufwendungen in laufende Kosten umwandeln, um die Summe der umgewandelten Kosten gegenüberzustellen. Das ist *eine* Methode des Vergleiches; es gibt noch andere. Uns interessieren weniger irgendwelche theoretischen Erörterungen oder Formulierungen, sondern es interessiert einfach der Umrechnungsfaktor, mit dem eine einmalige in eine laufende Aufwendung verwandelt wird. Das ist das, was wir früher mit Kapitaldienst bezeichnet haben. Die Gegenüberstellung von Herrn HILDEBRAND ist für unsere Begriffe durchaus verständlich und wir haben im Prinzip nichts dagegen einzuwenden. Das einzige worüber wir uns unterhalten wollen, ist die Höhe des rein zahlenmäßigen Betrages für den Umrechnungsfaktor. Unserer Ansicht nach kann eine kapitalistische Wirtschaftsbetrachtung nicht einfach in eine sozialistische verwandelt werden, indem man den Zinsendienst weg läßt. Ich halte es für gefährlich, nur mit der Abschreibung allein zu rechnen, weil wir dadurch Gefahr laufen, viel zu teuer zu bauen. Es werden dadurch Bauten als wirtschaftlich hingestellt, die volkswirtschaftlich gesehen nicht verantwortbar sind. Nun sind sicherlich noch viele andere Dinge bei der Festlegung des Umrechnungsfaktors wesentlich. Man wird die Kapazität des Baustoffmarktes berücksichtigen müssen und ob das Personal dafür vorhanden ist. Ich halte es für sinnlos, wenn wir nachweisen, eine Anlage sei rentabel, obwohl sie einen Aufwand erfordert, der unsere Maschinenindustrie vollkommen auslastet und wir mit der gleichen Kapazität z. B. zwei Werke hätten bauen können. Diese Tatsache muß doch in der Wirtschaftlichkeitsbetrachtung in irgendeiner Form zum Ausdruck kommen. Man müßte auch den Kapital- und Baustoffmangel in Form eines Prozentsatzes mit einkalkulieren. Wie man diesen Prozentsatz nennt, ist gleichgültig. Wir haben oft zu entscheiden, ob für einen Antrieb z. B. eine Dampfturbine oder ein Motor zu wählen sei. Rechnet man mit 3%, dann könnte die Dampfturbine, mit 10% jedoch der Motor, optimal erscheinen.

Prof. JANTE: Wir haben das Thema schon in den Vorbesprechungen angeschnitten. Wie soll ich die sparsame Verwendung von Investmitteln erreichen? Früher hat man das durch die Zinsen erreicht. Wenn wir jetzt die Zinsen fortfallen lassen, setzen wir damit voraus, daß wir über beliebige Investmittel verfügen können.

Prof. HILDEBRAND: Zur ersten Frage von Herrn JANTE zum Preis der Dieselkraftstoffe: Ich glaube, daß das eine vernünftige, weil volkswirtschaftlich notwendige, Maßnahme ist (damit z. B. keine Elektroenergie mit Dieselkraftstoffen für 25 Pfg/kWh erzeugt wird). Wir können da mit einem gewissen „Seltenheitswert“ rechnen.
(Zu Herrn BOIE:) Sie sind der Auffassung, daß man für die Projektierung von Objekten mit Lebensdauer von 30 Jahren also etwa den Preis in 15 Jahren ermitteln muß. Ich könnte sagen „Ja, wir stellen ihn fest“, aber das wäre zu einfach, weil er gar nicht begründet werden kann. Sie unterstellen, daß die Technologie so bleibt. Ich erinnere an den Hinweis von Kollegen KIENAST, der sagte, daß die hohen Abraumkosten durch die Entwicklung der modernen Fördergeräte kompensiert werden. (Einwurf Prof. BOIE: Das ist ein Wunschbild.) Nein, es ist die gesetzmäßige notwendige und ständige Steigerung der Arbeitsproduktivität. — Zum anderen werden beide Varianten mit dem heutigen Kohlenförderungsaufwand verglichen. Damit ist ein Teil der Gefahr des unzulänglichen Vergleiches gebannt. Ich möchte auf das, was Sie, Herr BOIE, als „Kernfrage“ bezeichnen, noch später eingehen. Sie sagten, daß Sie nur nicht vergleichen können, weil der Umwandlungsfaktor zu niedrig ist. Aber wenn wir jetzt versuchen wollten, einen „Investzins“ zu formulieren, dann muß er technisch und

ökonomisch begründet werden, er kann nicht einfach eine zahlenmäßige Analogie zum kapitalistischen Kapitaldienst sein. Wenn wir einen solchen Prozentsatz festlegen, wird dadurch im Unterschied zur kapitalistischen Wirtschaft keine neue Quelle für den Unternehmer erschlossen.

Prof. JANTE: Kollege BOIE hat gesagt, daß für die geringe Abschreibung von 3% das teure Projekt heute schon von uns bevorzugt werden müßte. Einen solchen Aufwand können wir uns aber gar nicht leisten.

Prof. BORDAG: Ein zu niedriger Prozentsatz an Abschreibungen ist kein Grund, diesen Mangel durch einen Zuschlag von 5 oder 10% zu korrigieren. Die Forderung muß vielmehr sein, daß die Abschreibungssätze genauer als bisher den technischen Verschleiß widerspiegeln, vor allem aber auch den ökonomischen Verschleiß enthalten sollten.

Prof. HILDEBRAND: Es geht nicht um die Erhöhung des Abschreibungssatzes, sondern um einen fiktiven „Umrechnungsfaktor" zwecks wirtschaftlichen Projekt-Vergleichs.

Prof. BOIE: Ein Beispiel: Angenommen, ich sei in der Lage, eine Aufgabe auf 2 Arten zu lösen, wobei die eine Lösung 100 Millionen Mark, die andere 50 Millionen Mark Kosten als Investaufwand hat. Natürlich sind bei der ersten die laufenden Betriebskosten niedriger, bei der zweiten höher. Beide haben eine Lebensdauer von 30 Jahren. Da mir nur 100 Millionen zur Verfügung stehen, könnte ich für 100 Millionen Mark außer dem erforderlichen Werk für 50 Millionen ein zweites, z. B. für zusätzliche Exportproduktion, bauen, woraus sich ein größerer wirtschaftlicher Nutzen ergibt.

Dr. SCHMIDT: Die Sorgen von Herrn Prof. BOIE sind, daß der Abschreibungsbetrag als Ausdruck der Investition ihm einfach nicht ausreichend erscheint, weil — wenn man ihn allein verwendet — die Investmittel dorthin fließen, wo außerordnetlich hohe Investitionskosten entstehen. Er wünscht einen zusätzlichen Faktor, der z. B. die Knappheit der Mittel zum Ausdruck bringt und der den Abschreibungsbeträgen hinzuzusetzen wäre. Das wiederum würde jedoch bedeuten, daß die uns zur Verfügung stehenden Investmittel dorthin fließen, wo der höchste Gewinn erzielt werden kann, und das ist die Leichtindustrie. Betrachtet man die Geschichte des Kapitalismus, so stellt man fest, daß gerade die kapitalistische Industrialisierung ihr Gepräge durch solche Überlegungen bekam. Wir sind jedoch in der glücklichen Lage, unsere Wirtschaft proportional bei Vorrangigkeit des Wachstums der Produktion von Produktionsmitteln entwickeln zu können. Das wäre unter Zugrundelegung eines solchen Faktors oftmals unmöglich. Wir unterstellen, daß die Mittel in den Zweigen zweckgebunden geplant sind, und daß es nur noch um die Wahl zwischen einigen Varianten geht. Wählt man unter mehreren Varianten aus, dann kann man immer als wichtigen Aussagefaktor die Selbstkosten bei Nutzeffektberechnungen verwenden, wobei natürlich noch nichts darüber gesagt wird, ob unsere Abschreibungssätze ökonomisch immer begründet sind.

Prof. HILDEBRAND: Mit den Selbstkosten einschließlich Abschreibung ist die Frage noch nicht beantwortet, wie hoch und warum ein solcher Umrechnungsfaktor sein muß, um die volkswirtschaftlich richtige Wahl zu treffen.

Prof. BOIE: Deshalb, weil wir mit dem höheren Aufwand an vergegenständlichter Arbeit eine zusätzliche Produktion, z. B. für Export, erstellen könnten. Wir haben doch nur eine begrenzte Investsumme zur Verfügung und müssen damit so haushälterisch umgehen wie nur möglich.

Prof. JANTE: Die Ökonomen haben gesagt, daß wir Gegenstände, die knapp sind, mit einem höheren Preis belegen müssen. Können wir nun die Investmittel zu Selbstkosten einsetzen oder müssen wir dafür nicht auch einen höheren Preis einsetzen?

Prof. PAUER: Wir haben uns für die Klärung der Frage der Bewertung der Investmittel ein besonders schwieriges Anwendungsgebiet, nämlich das der Wärmekraftwerke, gewählt, ein Gebiet, das in raschester Entwicklung begriffen ist. Von 1920 bis heute hat sich der Wirkungsgrad von 15 auf über 40 Prozent erhöht, und gleichzeitig steigt der Bedarf an Maschinenleistung jährlich um 8 Prozent an. Wir können also bei diesem Beispiel nicht statisch, sondern müssen dynamisch rechnen. Wenn auch die Kohlenvorkommen zum mindesten in der DDR beschränkt sind, so ist die Wachstumsgeschwindigkeit unserer Kraftwerke zunächst nicht durch unmittelbar drohende Erschöpfung der Kohlenvorräte, sondern durch die Höhe der für den Kraftwerksbau verfügbaren Investmittel beschränkt. Daher ist besonders wesentlich, daß wir billig bauen. Die niedrige Abschreibung der Investmittel führt aber dazu, daß das teure Projekt häufig als das wirtschaftliche erscheint — und das müssen wir durch entsprechende Bewertung der Investmittel vermeiden.
Noch eine grundsätzliche Bemerkung. Man stellt in ökonomischen Ausführungen immer wieder die Forderung auf, es müsse mit einem Mindestaufwand an Mitteln ein Maximum an Wert geschaffen werden. Diese Forderung ist unerfüllbar, da Aufwand und Ergebnis als unbestimmt angesehen werden. Es handelt sich vielmehr darum, eine bestimmte Anlage mit möglichst kleinem Aufwand zu schaffen.
Herr Prof. BORDAG stellt in seinem Vortrag die allgemeine Regel auf, der Nutzeffekt sei um so größer, je kleiner die Zeit ist, in welcher der Investitionsaufwand aus den Einsparungen ersetzt werden kann. Diese Regel ist falsch. Bei Kraftmaschinen kann zunächst mit kleinem Aufwand, z. B. 1 Anzapfstufe, eine sehr erhebliche Verbesserung mit kurzer Rückflußdauer erzielt werden, mit weiterem Aufwand — also zusätzlichen Anzapfstufen — dagegen nur geringe zusätzliche Verbesserungen mit immer längerer Rückflußdauer. Die wirtschaftliche Lösung ist vielmehr dadurch gekennzeichnet, daß innerhalb der Lebensdauer der Anlage der Unterschied zwischen Gewinn und Abschreibungskosten maximal wird.

Prof. BORDAG: Daß die uns für den Neubau von Kraftwerken zur Verfügung stehenden Investmittel beschränkt sind, ist unbestritten, da wir auch noch in anderen Zweigen zu investieren haben. Stufenweiser Aufbau bzw. Ausnutzung einer Anlage hebt das von mir genannte Prinzip der betrieblichen Nutzeffektbestimmung nicht auf. Ob eine Anzapfstufe oder mehrere Anzapfstufen in Betrieb genommen werden, immer kann doch der Aufwand, um die Stufen in Betrieb zu nehmen, mit den jeweils entstehenden Selbstkosten verglichen bzw. die Variante mit den niedrigsten Selbstkosten gefunden werden. Da das immer ein Vergleich ist bezogen auf eine bestimmte Zeit, so bleibt die Regel bestehen, daß der Nutzeffekt um so größer ist, je mehr an Aufwand in bestimmter Zeit aus den Einsparungen an Selbstkosten ersetzt werden kann.

Prof. BEHRENS: Herr PAUER hat recht. Steigerung der Produktivität liegt dann vor, wenn in der gleichen Zeit eine größere Produktionsmenge oder dieselbe Produktionsmenge in kürzerer Zeit hergestellt wird. Hierüber gibt es in unserer Literatur keine Meinungsverschiedenheiten. Aber eine Meinungsverschiedenheit gibt es zwischen uns und Herrn PAUER in bezug auf das, was in die Selbstkosten einbezogen werden muß. Hier liegt tatsächlich eine prinzipielle Meinungsverschiedenheit vor. Zum Begriff der Selbstkosten: Wir wollen die Selbstkosten in den Abschreibungssatz einbeziehen. Sie wollen noch einbezogen haben einen Teil des Gewinnes. Wenn ein Projekt ausgearbeitet wird, dann geht man selbstverständlich von der Preisentwicklung aus. Nun unterscheiden wir von den Selbstkosten aber die gesellschaftlichen Produktionskosten, die gleich dem Wert der Produktion sind. Wenn die gesellschaftlichen Produktionskosten in Zukunft steigen, muß man selbstverständlich bei der Ausarbeitung der Projekte von einem höheren Preis ausgehen. Es liegt also meines Erachtens kein Grund vor, in die Selbstkosten noch einen Teil des Gewinnes als sogenannten „Kapitaldienst" mit einzubeziehen.

Prof. JANTE: Es geht uns nicht darum, einen Gewinn zu verbuchen, sondern um die Frage, wie wir die Knappheit des Investkapitals bewerten müssen. Sonst bekommen wir immer Projekte mit dem günstigsten Verbrauch aber mit höchstem Aufwand. Das können wir uns gar nicht leisten.

Prof. BEHRENS: Herr BORDAG hat darauf hingewiesen, daß natürlich die Betriebe von den gesellschaftlichen Selbstkosten abweichen können, daß die Selbstkosten nicht mit dem gesellschaftlichen Aufwand übereinstimmen. Sie meinen, wir können die künftige Entwicklung im Plan nicht genügend erfassen, deshalb wollen Sie eine Risikoprämie.

Prof. JANTE: Nein. Wenn wir heute zwei Projekte bauen können, eines für 100 Millionen oder das andere für 50 Millionen, was sollen wir machen?

Prof. BEHRENS: Das hängt von den Selbstkosten ab.

Prof. JANTE: Das 100-Millionen-Projekt ist natürlich das billigste.

Prof. BORDAG: In einigen wesentlichen Punkten haben wir uns noch nicht verstanden. Bei jeder Detailfrage muß doch, soll sie richtig gelöst werden, vom richtigen Prinzip aus gegangen werden. Ob ein Werk mit 100 Millionen Investitionsaufwand oder zwei Werke mit je 50 Millionen Aufwand zu bauen sind, hängt doch — wenn wir nur den betrieblichen Nutzeffekt betrachten — davon ab, welches Bild die Gegenüberstellung von Investitionsaufwand und Einsparung an Selbstkosten bei dieser oder jener Variante ergibt. Investitionsaufwand, damit zu erreichende Produktionssteigerung sowie die Selbstkosten bzw. ihre Einsparung können bei jeder Variante verschieden sein. Es sind die verschiedensten Kombinationsmöglichkeiten dieser sich gegenseitig beeinflussenden Faktoren denkbar. Für jede Variante ergibt sich jedoch der größte betriebliche Nutzeffekt nach Formel (5). Aber die Bestimmung des Nutzeffekts im Sozialismus erfolgt als Einheit aus volkswirtschaftlichen und betriebswirtschaftlichen Überlegungen. Erfordert der gesellschaftliche Bedarf die Produktionssteigerung in einem Zweig, und sind wir vorerst nur in der Lage, ein Werk mit 50 Millionen Aufwand zu bauen, um damit dringenden Bedarf anderer Zweige möglichst schnell — wenn nicht sofort vollständig, so doch teilweise — zu befriedigen, bringt auch diese Produktionssteigerung vom Standpunkt der störungsfreien Entwicklung der Volkswirtschaft großen Nutzen, weil sie Disproportionen vermindert bzw. aufhebt. In einem solchen Falle käme es darauf an, mit den 50 Millionen Aufwand eine möglichst große Produktionssteigerung mit möglichst geringen Selbstkosten je Produkt zu erzielen, damit der Nutzen vom Standpunkt der Volkswirtschaft durch den betrieblichen Nutzen ergänzt wird.
Die Verteilung der Investitionen hat mit der Höhe der Abschreibungen nichts zu tun. Die Abschreibungen sind ein Bestandteil der Selbstkosten und beeinflussen den betrieblichen Nutzeffekt nur über die Höhe der Selbstkosten. Die Abschreibungen spielen insofern eine Rolle, als unrichtige Abschreibungssätze auch die Nutzeffektbestimmung von der Selbstkostenseite her ungenau werden lassen. Insofern tritt durch die Abschreibungen eine Beeinflussung des Nutzeffektes auf.

Prof. BOIE: Es dreht sich nicht nur um Abschreibungen, die ausschließlich von der Lebensdauer abhängen, sondern um das Maß der wirtschaftlich verantwortbaren Investition.

Prof. BORDAG: Die Nutzeffektbestimmung im Sozialismus geht davon aus, daß kein sogenannter Umrechnungsfaktor benötigt wird. Warum sollten wir im Sozialismus die Investitionsmittel durch einen Zins künstlich verteuern? Dadurch wird das, was wir effektiv bauen können, um keinen Deut größer oder kleiner. Der Zins kann im Sozialismus auch kein Lenkungsfaktor sein. Wir investieren doch nicht, um einen Zins zu erhalten, sondern um — entsprechend unserer Akkumulationskraft — die Produktion auszudehnen. Welchen „Lenkungsfaktor" gibt es im Sozialismus? Das Gesetz der planmäßigen (proportionalen) Entwicklung der Volkswirtschaft ist der neue Regulator. Die Notwendigkeit, den störungsfreien Verlauf der Volkswirtschaft durch die ständige Einhaltung von objektiv gegebenen Proportionen zu sichern, bestimmt ebenso objektiv, wohin die Investitionsmittel zu fließen haben. Gerade darin besteht ein grundlegender Unterschied und bedeutender Vorzug des Sozialismus gegenüber dem Kapitalismus.

Prof. JANTE: Ich glaube, die offene Frage ist ziemlich klar herausgestellt und ich würde anregen, daß wir uns nochmal in einem kleineren Kreis zusammensetzen und an konkreten Beispielen das gegenüberstellen und klären.
Ich danke allen Herren und besonders den Herren von der Ingenieurökonomie und darf die Hoffnung aussprechen, daß wir in der Nachbesprechung zur Klärung kommen. Ich muß feststellen, daß kaum prinzipielle Meinungsverschiedenheiten vorliegen, sondern daß wir uns bemühen, einen Maßstab für die optimale Lösung zu bekommen.

Fortsetzung der Diskussion am 1. 11. 1958

Prof. JANTE: Ich glaube, die Diskussionspause hat uns Gelegenheit gegeben, nochmal die Probleme in Ruhe zu durchdenken und hat meines Erachtens zur Erkenntnis der Unterschiede in der Anschauung geführt. Ich möchte deshalb kurz noch einmal die beiden Standpunkte gegenüberstellen.

Beginnen wir zunächst mit der alten, der kapitalistischen Methode. Wenn z. B. ein Energiebedarf festgestellt oder vorausgesagt werden kann, dann werden Projekte ausgearbeitet. Es werden die Betriebskosten ermittelt, also Pfg/kWh, und aus den erforderlichen Investsummen über den sogenannten Kapitaldienst, Amortisationen plus Verzinsung, und über die vorausgesetzte jährliche Betriebsstundenzahl die festen Kosten auch in Pfg/kWh berechnet. Damit ist es also möglich, die Kosten der kWh insgesamt in einer Ziffer in soundsoviel Pfennigen auszudrücken. Es wird also von den ausgearbeiteten und durchkalkulierten Projekten dasjenige zur Ausführung gewählt, das in dieser Gesamtkostenziffer Pfg/kWh den geringsten Wert ergibt. Über das Woher der Investsumme macht man sich dabei zunächst wenig Sorgen, denn die billigste Erzeugung der kWh garantiert den Gewinn und damit auch irgendwie das erforderliche Kapital.

Nun zur sozialistischen Methode. In der Durchführung fällt uns besonders auf, daß die Verzinsung des Kapitals nicht gerechnet wird. Die dafür von den Ökonomen gegebene Begründung ist zwar einleuchtend, aber auf der anderen Seite dürfen wir dann nicht einfach das Projekt auswählen, das die geringsten Kosten in Pfg/kWh ergibt, weil das immer zur Wahl des investintensivsten Projektes führen muß, wenn man eben nur von dieser einen Zahl der Betriebskosten in Pfg/kWh ausgeht, wie wir es von der kapitalistischen Rechnungsart gewöhnt sind. Wir können also für die sozialistische Ökonomie nicht nur von den Betriebskosten Pfg/kWh ausgehen, sondern müssen daneben noch getrennt den Invest-Aufwand betrachten. Es lassen sich dann Betrachtungen anstellen, daß z. B. durch Erhöhung der Investmittel um 50% sich die Betriebskosten um 20% senken lassen, usw. Aber ein gemeinsamer Maßstab, der uns zu einem einzigen Zahlenergebnis führt, ist jetzt nicht vorhanden. Wir müssen deshalb heute wahrscheinlich vom Plan ausgehen und mit der geplanten Investziffer versuchen, das Minimum an Betriebskosten herauszuholen. Aber woher soll nun der Planer vorher die optimale Planziffer ermitteln? Da die Investmittel knapp sind, so führt das in der Konsequenz zur investniedrigsten Anlage und damit zu extrem hohen Betriebskosten. Das kann aber auch die optimale Lösung nicht sein.

Wie kann man also die ökonomischste Gesamtlösung im Sozialismus finden, wenn man nicht wie bisher, die Betriebskosten und festen Kosten über die Zinsen in einen festen gegenseitigen Maßstab bringen kann? Das ist m. E. die Kernfrage, die der Maschinenbauer heute an die Ökonomen stellt.

Es war ferner in der Diskussion noch die Wert-Preis-Relation angeschnitten worden. Für die Verbrauchsgüter, die Massenbedarfsartikel, sind wir uns wohl einig darin, daß man durch den Preis den Verbrauch lenken kann und soll. Aber für die Grundstoffe, die zur Herstellung von Produktionsmitteln verwendet werden oder für unser Beispiel, für die Bau- und Betriebsstoffe der Kraftwerke, sollte man doch Preise fordern, die dem Wert entsprechen. Dabei meine ich hier natürlich die Festpreise, die lediglich in größeren Zeiträumen nach unten hin wieder an den Wert angeglichen werden.

Prof. HILDEBRAND: Abgesehen von der Richtigstellung einiger von den Herren PAUER und STIMMEL einführend wiedergegebenen Auffassungen und auch Fakten, hatte ich in meiner letzten Diskussionsmeldung hauptsächlich beabsichtigt, auf die zuletzt von Herrn BOIE genannte und wohl als einzige noch verbleibende Differenz in dem von uns während der vergangenen Monate betriebenen Meinungsstreit über Wirtschaftlichkeitsrechnung bei Investitionen einzugehen. Ich möchte zusammenfassend feststellen und gleichzeitig einen konkreten Vorschlag begründen: (Wenn so ausführlich, dann ist dies begründet, daß noch keine abgerundete prägnante Erklärung gegenüber den Vertretern der technischen Wissenschaft abgegeben werden kann; denn diese Frage bedarf noch des kritischen Meinungsstreites der Ökonomen selbst und auch ich selbst fand noch keine Zeit, z. B. das in meinem Vortrag verwendete Beispiel entsprechend dem nachfolgenden Vorschlag nachzurechnen.)

1. Neben anderen verschiedenen Auffassungen über Detailfragen der Wirtschaftlichkeitsrechnung ist wohl in der Hauptsache übereinstimmend festgestellt worden, daß es in der sozialistischen Wirtschaft keinen solchen komplexen Umrechnungsfaktor „Kapitaldienst“ wie in den bürgerlichen Methoden der einzelnen Richtungen und auch Unternehmen geben kann, weil seine Einzelelemente ihre Ursache und ihre Größe ausdrücklich von der anarchischen (Einzel-)Wirtschaft des kapitalistischen Unternehmens als profitstrebenden privaten Besitzer der Produktionsmittel ableiten. Zum Beispiel herrscht wohl jetzt Übereinstimmung, daß es eine solche Kategorie Zins wie im Kapitalismus nicht geben kann, weil derselbe nicht notwendig ist und auch keine neue Quelle der Akkumulation für die sozialistische Gesellschaft oder für die Investitionsvorhaben darstellt.

2. Offen bleibt jedoch (zuletzt von Herrn Prof. BOIE ausdrücklich festgestellt), daß wir unter Beibehaltung lediglich der Amortisationsrate (Abschreibungssatz) keinen ausreichenden Umrechnungsfaktor für den Wert der einmaligen Investitionshandlung auf die Produktionskosten während der laufenden Produktionsdauer besitzen, weil die Produktionsdauer im Rahmen der materiellen Reproduktion den Betrachtungszeitraum für die Wirtschaftlichkeitsrechnung darstellen muß. Es fehlt also das Kriterium für die volkswirtschaftlich optimale Höhe des Investitionsaufwandes für ein bestimmtes Objekt. Infolge der Berücksichtigung lediglich der einfachen Reproduktion mit Hilfe der Amortisationsrate entsteht unter Umständen für die volkswirtschaftliche Betrachtung des Nutzeffektes ein Mißverhältnis zwischen der Erhöhung des Investitionsaufwandes und der Senkung der Selbstkosten als integrierender Bestandteil der Produktionskosten.

   Dazu muß ich vermerken:

   2.1 Es besteht seit langem die feste Auffassung bei allen Ökonomen, daß die Abschreibungssätze zu niedrig sind. Hauptsächliche Begründung ist hierfür, daß der moralische Verschleiß nicht berücksichtigt ist.

   2.2 Tatsache ist jedoch, daß z. B. bei 3–4% (in meinem Vortrag 3,5%) die Amortisationsrate gar nicht die reale Lebensdauer in der Ermittlung zum Ausdruck bringt, denn ein Kraftwerk hat eine tatsächliche Lebensdauer von ca. 50 Jahren, wobei einige Bauten und sogar elektrische Ausrüstungen (und diese mit relativ geringem moralischen Verschleiß!) eine noch größere Lebensdauer besitzen.

2.3 Weiterhin darf ich aber auch meinen Eindruck aus dem Ablauf der Diskussion seit Anfang dieses Jahres bekunden: Der Ausgangspunkt für die Überlegungen der Vertreter der technischen Wissenschaft scheint mir allerdings die Tatsache zu sein, daß in der kapitalistischen Vergangenheit in Gestalt des Kapitaldienstes ein scheinbar feststehender Maßstab vorhanden war. Dieser Maßstab wurde auch nicht in Zweifel gezogen, weder auf die berechtigte Ursache, noch auf die richtige Höhe von den technischen Vertretern untersucht. Daß er im übrigen auch nicht feststehend war, sondern sowohl in den verschiedenen Zweigen als auch zu verschiedenen Konjunktur- und Krisenzeiten unterschiedlich war, ist der Erinnerung entfallen. Die Kaufleute des kapitalistischen Betriebes gaben jeweils die Größe an und so wurde sie vom Projektanten oder vom Techniker verwendet.
Nachdem aber dieser ,,feststehende Maßstab" aus der kapitalistischen Zeit verlorengegangen ist, verlangt man sehr mit Recht einen den veränderten Produktionsverhältnissen entsprechenden neuen Maßstab. Diesen untersucht man jedoch sehr kritisch, weil er

1. stark abweicht (auch in der Begründung) und weil wir
2. gelernt haben, auch die ökonomischen Fragen viel kritischer zu betrachten.

3. Jedoch diese Kritik an sich — mag der Ausgangspunkt sein, welcher er wolle — führt zur Bestätigung einer schon viel diskutierten halben oder ganzen Erkenntnis, daß mit der Amortisationsrate allein bzw. mit deren Höhe bei Nutzeffektberechnungen nicht dem realen volkswirtschaftlichen Maßstab nahegekommen werden kann.
Das heißt, die Frage nach dem ,,Umrechnungsfaktor" stellt ein echtes ökonomisches Problem dar, welches mit allem Ernst auf der wissenschaftlichen Basis der marxistischen Reproduktionstheorie gelöst werden muß.

4. Der sozialistischen wie der kapitalistischen Wirtschaft ist gemeinsam, daß eine vergesellschaftete Produktion abläuft. Der Unterschied liegt in der privaten Aneignung der Produkte und natürlich im privaten Besitz der Produktionsmittel. Aus jener ,,Gemeinsamkeit" könnte abgeleitet werden, daß die Einzelelemente des Kapitaldienstes — ihrer profitbestimmenden Ursache und Größe entkleidet — in dem einen oder anderen Fall evtl. einen objektiven realen Kern überhaupt jeder gesellschaftlichen Produktion erkennen lassen.
Als negatives Beispiel sei genannt, daß die Bestandteile Unternehmergewinn, Risikozuschlag und ähnliches keinen Platz in der sozialistischen Reproduktion haben können.
Ein Parallelbeispiel übrigens stellt aber das Wertgesetz dar, welches in der sozialistischen Produktion nicht mehr bestimmend wirken darf, welches aber noch wirkt, indem es von uns bewußt ausgenutzt wird.

5. Nach diesen Gedanken einen konstruktiven *Vorschlag:*
Zwei Feststellungen sollen anhand des konkreten Beispieles des Kraftwerkes zu einer Lösung hinleiten:
Während der Dauer der *Produktion* mit den zu investierenden Objekten müssen folgende Forderungen der sozialistischen Volkswirtschaft erfüllt werden und hierfür erwirtschaftet werden.

5.1 Die Sicherung der *einfachen Reproduktion* (einfache Wertübertragung auf die Produkte in Form des Verschleißes der Produktionsmittel) durch

5.11 die Wiederbeschaffung der gleichgroßen Kapazität des Kraftwerkes an elektrischer Leistung nach Ablauf seiner Lebensdauer.

Angenommen: Lebensdauer = 50 Jahre — *Satz:* 2 %.

5.12 die *Werterhaltung* in Form der Generalreparaturen und des Ersatzes von relativ schneller verschleißenden Einzelteilen durch den Betrieb während der Lebensdauer.

Angenommen: ein Verhältnis des jährlichen Generalreparaturaufwandes zum Anlagewert — *Satz:* 2,5%.

5.2 Die Sicherung der *erweiterten Reproduktion* in solcher Höhe, daß den Forderungen des Gesetzes der planmäßigen proportionalen Entwicklung während der Lebensdauer des Kraftwerkes entsprochen wird. Dieses Element des „Umrechnungsfaktors" zu bestimmen, muß von der jeweiligen jährlichen Produktionszuwachsrate, entsprechend den steigenden Bedürfnissen ausgegangen werden. Es genügt zunächst für unser Beispiel der Einfachheit halber die bekannte allgemeine jährliche Zuwachsrate mit 7,2% zu erwähnen, obwohl sie in der DDR in den nächsten Jahren noch darüber liegen wird. Aus dieser Zuwachsrate ergibt sich bekanntlich eine Verdopplung der Kapazität in jeweils 10 Jahren während der Lebensdauer des soeben errichteten Kraftwerkes, wobei eine gleichbleibende Benutzungsstundenzahl angenommen wird, wie das etwa bei der sozialistischen Elektroenergieversorgung zutreffen wird. In jedem Jahrzehnt des Produktionsbetriebes des investierten Kraftwerkes müssen demnach unabhängig von anderen Forderungen (z. B. der Selbstkostensenkung usw.) so viel Mittel erwirtschaftet und akkumuliert werden, um am Ende dieses Jahrzehntes ein Kraftwerk gleicher elektrischer Leistung errichten zu können, oder anders ausgedrückt, in jedem Betriebsjahr des Kraftwerkes muß ein Zehntel der ursprünglich installierten Leistung zusätzlich errichtet und die Mittel von jenem erwirtschaftet werden. Abstrahiere ich zwecks Vereinfachung der theoretischen Darstellung zunächst von der ständigen Steigerung der Arbeitsproduktivität während dieses zukünftigen Betriebszeitraumes des Kraftwerkes, d. h. ich nehme an, daß der Kohlekraftwerksbau auch zukünftig den gleichen spezifischen Anlagewert aufweisen würde, so ergibt sich ein Satz für die erweiterte planmäßige Reproduktion:

Für die DDR *angenommen:* — *Satz:* 8%.

Eine weitere Berücksichtigung einer erweiterten Reproduktion des jährlich „8%igen Teils" etwa mit dem Zinseszins (nur als Rechenmethode) scheint mir aber nicht nötig, weil dieser „8%ige Teil" ja ständig sofort in neuen Objekten investiert wird und dort tatsächlich wieder an der erweiterten Reproduktion teilnimmt — und dort auch bei der vorherigen Nutzeffekt-Ermittlung wieder in den Reproduktionsfaktor einbezogen wird.

Man darf hier allerdings nicht der Täuschung unterliegen, daß mit der Wahl des Anlagewertes als Bezugsbasis für das Maß der erweiterten Reproduktion die Meinung vertreten werden könne, daß der Anlagewert (früher: das Kapital!) den Wert (relativ als Produktionskosten gesetzt) schafft! Sondern die von der lebendigen Arbeit der Werktätigen zu erwirtschaftenden Akkumulationsmittel müssen so hoch sein, daß u. a. jährlich eine 8%ige Reproduktion der elektrischen Leistung — repräsentiert durch den Anlagewert — ermöglicht wird!

5.3 Zusammengefaßt würde der hier nur kurz begründete und theoretisch mit Vereinfachungen vorgenommene Vorschlag lauten:

Der Faktor für die Umlegung des einmaligen Investitionsaufwandes für ein Objekt (Kraftwerk) auf die anschließenden Produktionskosten (als Industrieabgabepreis) dieses Objektes setzt sich zusammen:

1. einfache Reproduktion — Wiederbeschaffung	2%
einfache Reproduktion — Werterhaltung	2,5%
2. erweiterte planmäßige proportionale Reproduktion	8%
Reproduktionsfaktor	12,5%

6. Zum Schluß soll vermerkt sein:

6.1 Mit diesem „Umrechnungsfaktor“ oder Reproduktionsfaktor von 12,5%, der unter Beachtung starker Selbstkostensenkung, Steigerung der Arbeitsproduktivität usw. herabgesetzt werden kann, erhält natürlich die Gesellschaft keine zusätzlichen Akkumulationsmittel gegenüber der jetzigen Methode bei Anwendung von lediglich der Amortisationsrate mit 3,5%.

6.2 Nicht beachtet wurde bei unseren bisherigen Betrachtungen, daß in der praktischen Finanzpolitik unseres Staates eine Produktionsabgabe (bzw. bei Kalkulation eine Gewinnquote) neben dem überplanmäßigen Gewinn für die notwendigen Mittel der erweiterten Reproduktion praktisch sorgten und diese auch im Rechnungswesen einbezogen sind. Diese allerdings werden auf die elektrische Arbeit (kWh) bezogen, d. h. auf die gesamten Selbstkosten, in denen sowohl die mit 3,5% (als Beispiel) umgerechneten konstanten Kosten als auch die proportionalen Kosten enthalten sind.

6.3 Während der kapitalistische Kapitaldienst von 14 oder 15% auf den obigen objektiven volkswirtschaftlichen Überlegungen (Pkt. 5) nicht fußen kann, so wird bei meinem Vorschlag auf der sozialistischen Reproduktion und schließlich auf den sozialistischen Produktionsverhältnissen aufgebaut.

6.31 Es werden keine privaten Einzelprognosen des Zuwachses an Elektroenergieverbrauch zugrunde gelegt (diese schwanken bei den einzelnen energiewirtschaftlichen Unternehmen und Gesellschaften in der Deutschen Bundesrepublik zwischen 5,6 und 7,2%!)
Wenn sich auch diese Zuwachsrate infolge Fehlens einer realen Methode der Energiebedarfsplanung zur Zeit nicht genau auf die gesamte Lebensdauer eines Kraftwerkobjektes voraussagen läßt, so dürfte dies nicht wesentlich ins Gewicht fallen, weil fortlaufend neue Kraftwerke gebaut werden, dieses Element des Reproduktionsfaktors variabel über die Jahrzehnte ist und entsprechend dem jeweiligen Entwicklungsstand und eben entsprechend der vorhandenen und planmäßig herbeizuführenden Proportionen jeweils neu festgelegt werden muß.

6.32 Auch die ersten beiden Elemente dieses Reproduktionsfaktors sind veränderlich. Die Senkung des Reparaturaufwandes (System der planmäßig vorbeugenden Werterhaltung, Schnellreparaturen) bringen eine Herabsetzung dieses Satzes, der mit 2,5% angenommen wurde. Oder die Steigerung der Arbeitsproduktivität bringt eine Herabsetzung des Satzes für die Wiederbeschaffung von 2%. Umgekehrt kann der planmäßige Aufbau von Atomkraftwerken mit evtl. höherem Investitionsaufwand eine Korrektur gegenteiliger Art bewirken. Dies kann in der sozialistischen Wirtschaft planmäßig festgelegt und damit jeweils verändert im Reproduktionsfaktor berücksichtigt werden.

6.33 Mit dieser Methode könnte auch die Berücksichtigung des moralischen Verschleißes eine Lösung erfahren — dies führt aber in unserem Diskussionsrahmen zu weit.

6.34 Es wird bei diesem Vorschlag nicht auf individuellen, betriebsegoistischen oder spekulativen Überlegungen aufgebaut, sondern von den realen Ergebnissen und

Erfordernissen eines ganzen Zweiges unserer einheitlichen sozialistischen Volkswirtschaft mit Durchschnittswerten des Zweiges der Elektroenergieversorgung ausgegangen.

6.4 Unter Umständen bedarf die Frage einer weiteren Untersuchung, ob dieser Reproduktionsfaktor nicht nur in die Nutzeffektberechnung zwecks Auffindung der volkswirtschaftlich optimalen Projektlösung, sondern auch in die Kostenrechnung selbst Eingang finden muß. Dies soll insofern nicht untersucht werden, weil es nicht zu unserem Thema der Nutzeffektermittlung — eng gefaßt — gehören kann.
Weiterhin mag aber angedeutet sein, daß auch im Sozialismus der eine Zweig über die Umverteilung der Akkumulationsmittel (der Gesellschaft oder) des Staates die in einem anderen Zweig erwirtschafteten Mittel für seine erweiterte Reproduktion erhält. Jedoch geht dies unter unseren Produktionsverhältnissen planmäßig zur Herstellung der richtigen Proportionen, entsprechend dem Bedarf der Gesellschaft, vor sich. Im Kapitalismus ist es ohne Berücksichtigung der Interessen der Gesellschaft dem einzelnen Kapitalbesitzer überlassen, sowohl einem solchen (anderen) Zweig oder auch innerhalb des Zweiges einem solchen Objekt sein Kapital zuzuführen, der bzw. das zur Zeit oder überhaupt die schnellste Verwertung seines Kapitals zu garantieren scheint.
Inwieweit hier die Berücksichtigung eines grundsätzlich ständigen aber planmäßigen und für die Herstellung der richtigen Proportionen notwendigen Kapitalzuflusses, z. B. von der Abteilung II (Konsumtionsmittelindustrie) zur Abteilung I (Produktionsmittelindustrie) bei dem Element der erweiterten Reproduktion (vgl. oben 12,5%) notwendig sein kann, mag ich als „angewandter Zeigökonom" augenblicklich nicht zu entscheiden.

Ich will nur noch von der energetischen Seite hinzufügen, daß ich in meinem Vortrag ausdrücklich als Hauptkennziffer die Steigerung der Arbeitsproduktivität nannte, die ja auch nach wie vor in dem wohl von Ihnen akzeptierten Kennziffernsystem zur Ermittlung des Nutzeffektes von Investitionen in der Elektroenergieerzeugung seine hervorragende Bedeutung behält. Die Arbeitsproduktivität bleibt das entscheidende Kriterium der höheren sozialistischen Wirtschaftlichkeit. Rein energetisch verwies ich auch auf die asymptotisch ständig kleiner werdenden Einsparungen z. B. durch Erhöhung der Parameter von Kessel- und Turbinenanlagen. Diese Beobachtungen bieten selbst einen Maßstab für die Grenze des spezifischen Investitionsaufwandes, der für solcherart Brennstoffeinsparungen notwendig ist. Ich erinnere mich jetzt wieder an eine Aussage des Chefingenieurs der Central Electricity Authority (CEA), England wolle bis 1962 zwar von den 220 MW- auf 550 MW-Turbosätze übergehen, jedoch vertritt die CEA aus eben den gleichen Überlegungen die Auffassung, daß eine Erhöhung des Frischdampfzustandes über 165 ata und 566° C hinaus unwirtschaftlich ist, weil der Investitionsaufwand höher als die Brennstoff- und Kostensenkung ist.

Ich will versuchen, auch diesen Gedanken nachzugehen, indem ich davon ausgehe, daß als Tatsache beachtet werden muß:

1. Gesetz der steten Steigerung der Arbeitsproduktivität, wobei der Anteil der lebendigen Arbeit schneller sinken muß als der Anteil der vergegenständlichten Arbeit.
2. Für eine Senkung der lebendigen Arbeit ist aber ein erhöhter Aufwand an Investitionen als vergegenständlichter Arbeit nötig.
3. Auch die beiden Teile der vergegenständlichten Arbeit (Amortisation und Material) stehen zueinander in Beziehung, d. h. die Senkung des Brennstoffverbrauches erfordert gleichfalls einen erhöhten Aufwand an Investitionen bzw. Amortisationen.

Ich muß also versuchen, diese Abhängigkeiten in exakte Beziehungen zu bringen, wozu wir anfangs den Umrechnungsfaktor, d. h. den von mir vorgeschlagenen Reproduktionsfaktor benötigen.

Das stellt sich der Reihe nach so dar:
Wir nehmen dabei an:

elektrische Leistung	P =	const [MW]
Benutzungsdauer	T =	const [h]
	K =	Produktionskosten [DM/kWh]
	SK =	Selbstkosten [DM/kWh]

Zunächst aber sollen zeigen:

Abb. 1 die *Zusammensetzung* der einzelnen Elemente schematisch, die Reproduktionskosten aufgegliedert. Es ergibt sich ein *bestimmtes Minimum* an Produktions-Kosten, daraus das *Optimum der spez. Investmittel.*

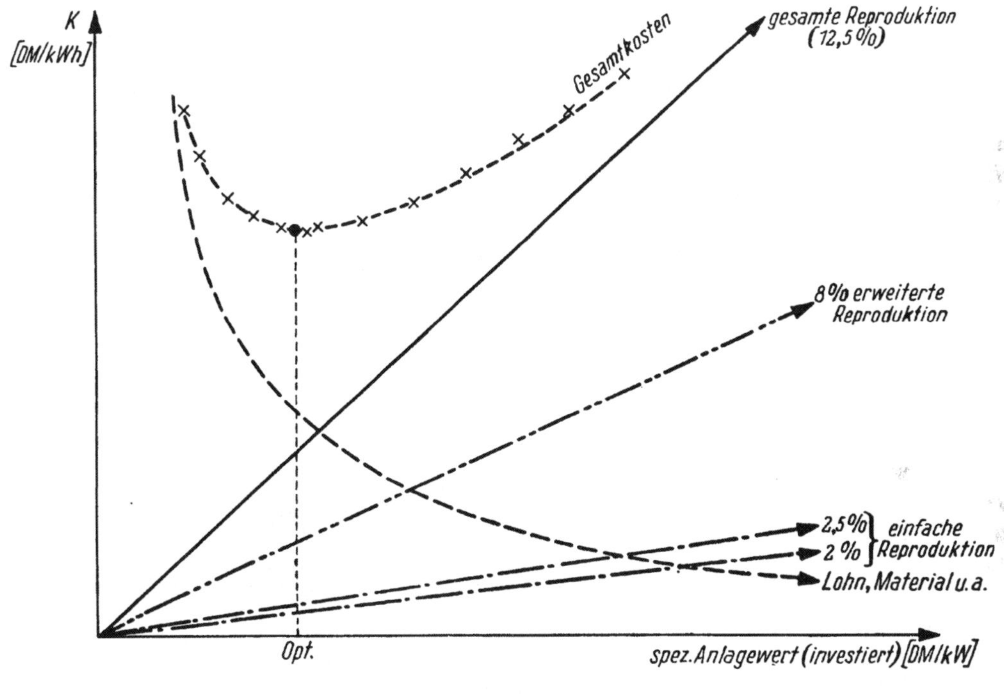

Abb. 1. Zusammensetzung der hauptsächlichen Selbstkosten (oder Gemeinkosten) entsprechend der marxistischen Reproduktion bei Senkung der proportionalen Kosten durch Erhöhung des Anlagewertes (Erhöhung der konstanten Kosten)

Abb. 2 die Gegenüberstellung bei 3,5% Abschreibungen, wie jetzt üblich — wie in meinem Beispiel gewählt?! — *flacher Verlauf* — Unterschied also gering. 17,5% Reproduktionsfaktor — Vorschlag. 15% Kapitaldienst — kapitalistische Wirtschaftlichkeitsrechnung.
Es bestätigt die Behauptung der *unterschiedlichen Gewichtung* der Investmittel.
Wir kommen also nur theoretisch (!) auf geringere Produktionskosten, wenn wir nur die einfache Reproduktion (3,5%) berücksichtigen!

Es bestätigt unsere Behauptung, daß wir mit übersteigerten Investmitteln und nur noch wenig geringeren Lohn- und Materialkosten gar nicht das volkswirtschaftliche Optimum erhalten.

Diese Betrachtung jedoch kann keine Nutzeffektermittlung ersetzen, denn sie sagt wieder nicht aus, ob alle Möglichkeiten der Selbstkostensenkung, Senkung der Investkosten oder der Brennstoffkosten bei gleichbleibenden spezifischen Investmitteln (ausgenommen sogar das Optimum) ausgenutzt sind! Dazu dient nach wie vor die Kennziffern-Analyse. Außerdem sei erinnert, daß nach wie vor die anderen im Vortrag genannten volkswirtschaftlichen und nicht quantitativ definierbaren Bedingungen die entscheidende Rolle für die Wahl einer Variante spielen können.

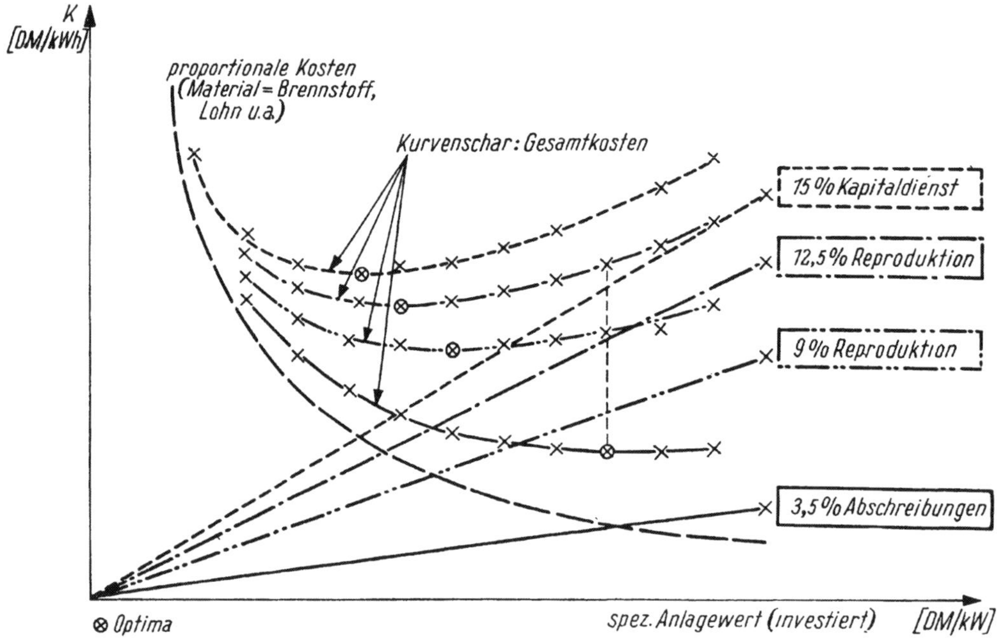

Abb. 2. Gesamtkosten bei verschieden hohen konstanten Kosten vergegenständlichter Arbeit für die Reproduktion einschließlich kapitalistischem „Kapitaldienst“

Ich halte aber auch die bisherigen Untersuchungen noch nicht für ausreichend; denn es geht um die Steigerung der Arbeitsproduktivität.

Abb. 3 Bedienungsfaktor — vgl. Beispiel im Vortrag — zeigt das Sinken des Anteils an lebendiger Arbeit. Arbeitskraft AK/je MW elektrischer Leistung.

Jedoch drückt dieser Faktor nicht die Arbeitsproduktivität in Kostenverhältnissen aus; der Lohn der Produktionsarbeiter muß den vergegenständlichten Selbstkosten für Amortisation und Material gegenübergestellt werden (Versuch zeigt Abb. 5).

Abb. 4 Weil die Erhöhung der spez. Investmittel ja nur zu dem Zwecke vorgenommen wird, die proportionalen Kosten, also lebendige Arbeit (Lohn) *und* vergegenständlichte Arbeit (Material — Brennstoffverbrauch) zu senken, muß ich also die konstanten Selbstkostenanteile in Abhängigkeit von den proportionalen Selbstkostenanteilen darstellen. Die Abb. 4 gestattet (Vergrößerung!) die Festlegung des optimalen spez. Investbetrages DM/KW bei konstanter Leistung und Benutzungsdauer und Amortisation von 4,5% (2,0 + 2,5% — vgl. o.). Die Abbildungen 2 und 4 lassen sich in einem Nomogramm zusammenstellen.

Damit ist die Gesetzmäßigkeit einer richtigen Steigerung der Arbeitsproduktivität in eine entsprechende konkrete Bedingung zum Zwecke der rechnerischen Kontrolle gefaßt.

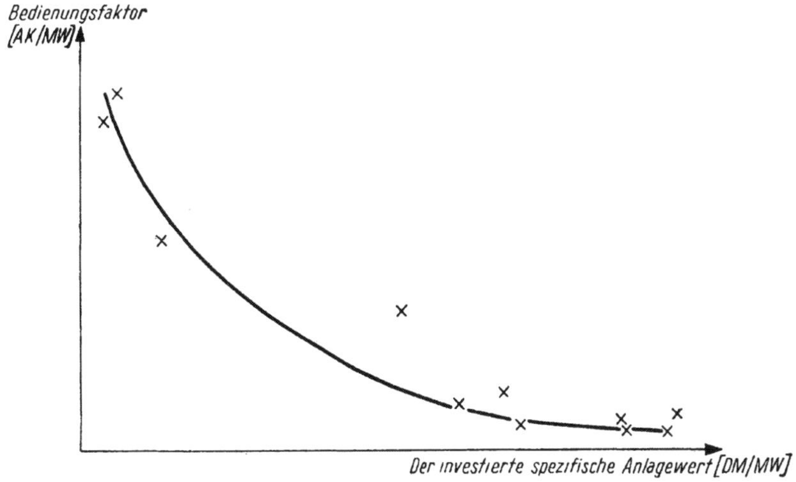

Abb. 3. Bedienungsfaktor (Arbeitskräfte je MW Kraftwerksleistung)

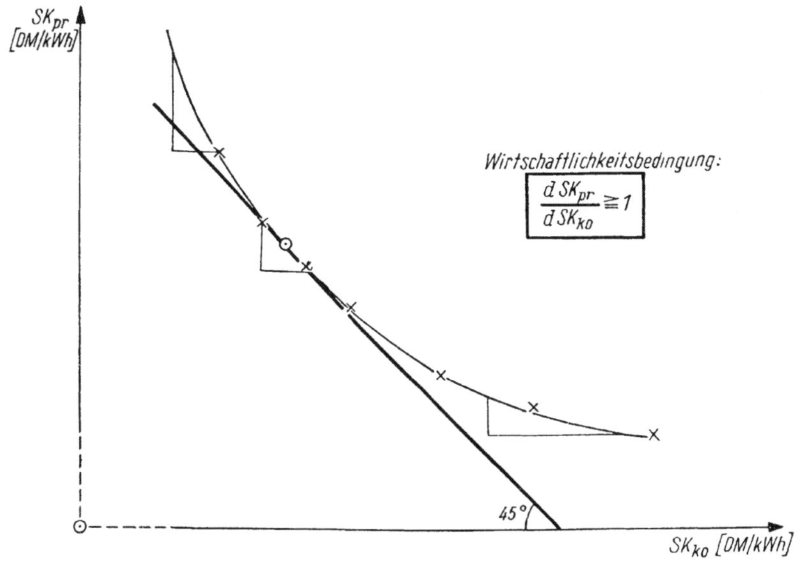

Abb. 4. Proportionale Kosten (SK_{pr}) in Abhängigkeit von den konstanten Kosten (SK_{ko})

Abb. 5 soll eine Aufgliederung der proportionalen Kosten in

SK_{lb} ≙ lebendige Arbeit ≙ Lohn
SK_{verg} ≙ vergangene Arbeit ≙ Brennstoffe (Grundmaterial)

vornehmen, um tatsächlich nach KARL MARX die Verbesserung der Arbeitsproduktivität darzustellen (Lohntarife als feststehend angenommen).

Allgemein habe ich zunächst die Gemeinkosten zur Vereinfachung herausgenommen. Aus dieser Darstellung kann ich entnehmen:

Bei der Senkung des Lohnanteiles über ein bestimmtes Maß wird der zugehörige Mehraufwand an Investitionen (hier noch gemildert durch den gleichfalls sinkenden Aufwand an Brennstoff) auf ein Mehrfaches der Einsparung steigen.

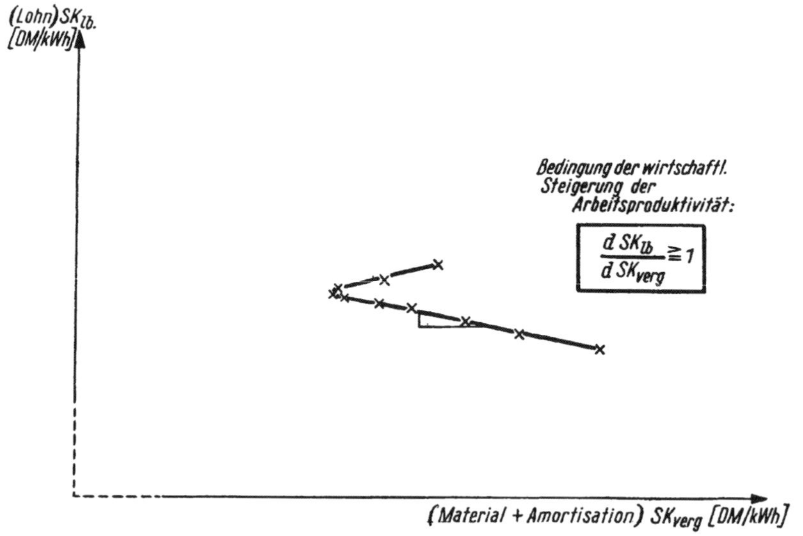

Abb. 5. Kosten für lebendige Arbeit (SK_{lb}) in Abhängigkeit von den Kosten für vergangene Arbeit (SK_{verg}

Die Forderung muß heißen: (vgl. Vortrag)

Einsparung an Lohn $\geqq$ Mehraufwand an Amortisationen.

Da aber — wie gesagt — der Mehraufwand an Investitionen gleichzeitig eine Senkung von Lohn und Material (proportionale Kosten) bezweckt, so muß es auch heißen:

Einsparung an SK_{pr} $\geqq$ Mehraufwand an SK_{ko},

d. h. wir gehen in die Darstellung der Abb. 4 zurück und können festlegen, ohne eine Differentialgleichung aufstellen zu wollen, daß

$$\frac{d\ SK_{pr}}{d\ SK_{ko}} = 1$$

oder anders gesagt,
die *Tangente* gegen die Ordinanten muß $a = 45°$ sein.

Zu dieser methodischen und auch gewissermaßen rechnerischen Ermittlung des ökonomischen Nutzeffektes von Investitionen hoffe ich, mit meinem Vorschlag brauchbare Kriterien geschaffen zu haben, als Teil der Beurteilungsmöglichkeit bei der Wahl der volkswirtschaftlich richtigen Investitionshöhe und damit technischen Ausführung, wobei aber in Abweichung meines Beispieles im Vortrag die Produktionskosten zwecks Vergleich ermittelt werden. Notwendig wäre, daß zur Erhärtung dieses Versuches die notwendigen Größen einiger Projekte oder Objekte aus der Praxis zur Verfügung gestellt werden. Es müßte anhand der 3 Beziehungen

1. Reproduktionsfaktor für die richtige Grenzbestimmung der Steigerung der Investitionsmittel,

2. lebendige Arbeit zu vergegenständlichter Arbeit,
3. proportionale zu konstanten Selbstkostenanteilen,

jeweils das Optimum ermittelt werden.

Prof. JANTE: Wir könnten mit Ihrem Vorschlag zufrieden sein, aber wir möchten auch die Begründung noch etwas unter die Lupe nehmen und uns Gedanken dazu machen. Wir haben im Kraftwerk einen Industriezweig mit einer feststehenden Zuwachsrate; da geht die Sache klar. Neben Industriezweigen mit hoher Rate haben wir andere Industriezweige, die konstant bleiben. Dann führt das zu Anlagen, die investintensiv sind. Also wäre dieser Prozentsatz sehr stark abhängig vom einzelnen Industriezweig. Kann man dem Kraftwerk die eigene Wachstumsrate mit aufbürden oder sollte man die Gesamtrate als Mittelwert wählen? Dann hätte man die Verzinsung, wie sie den Kapitalzinsen entsprechen würde, aber mit anderer Begründung. Diese Frage ist noch offen. In Ihrem letzten Diagramm kommen Sie auf die 45-Grad-Linie als Kriterium für das Optimum, aber aus eigener Überlegung möchte ich sagen, daß sie nicht naturgegeben ist.

Prof. HILDEBRAND: Doch, weil ich gleiche Größen im Diagramm, gleiche Einheiten in der Rechnung habe. Beides sind Kosten. Dann ergibt sich beim Tangenten-Winkel 45°, wenn DM/DM = 1.

Prof. JANTE: Wenn ich Invest-DM habe, sind diese schwieriger zu beschaffen als die Betriebs-DM. Aber das sind Feinheiten. Es geht um die Begründung der Prozente.

Prof. BORDAG: Diesen Vorschlag von Herrn HILDEBRAND höre ich heute zum ersten Male. Vom Standpunkt der Politischen Ökonomie fällt sofort auf, daß im Ansatz ein Fehler enthalten ist. Es werden Mittel, die aus dem Produkt für die Gesellschaft (Mehrprodukt) stammen und die unter anderem der erweiterten Reproduktion dienen, in die Kalkulation der Selbstkosten einbezogen, also als Selbstkostenbestandteile angesehen. Herr HILDEBRAND wird mir sofort zustimmen, wenn ich einwende, daß das nicht richtig ist. Die Begründung, die Herr HILDEBRAND für die Einführung seines Zinssatzes von 8% gibt, ist theoretisch nicht haltbar und würde praktisch zu Fehlurteilen führen.
Eine Frage an Herrn HILDEBRAND. Wie ist es zu der Festlegung des Satzes von 8% gekommen? Warum sind es nicht 5 oder 10%? Was ist die objektive Grundlage zur Berechnung dieses Prozentsatzes? Selbst wenn die Meinung besteht, daß es notwendig sei, außer den beiden ersten Wertbestandteilen (Verbrauch an Produktionsmitteln und Produkt für sich) auch den dritten Wertbestandteil (das Produkt für die Gesellschaft) in die betriebliche Nutzeffektbestimmung einzubeziehen, bleibt das Problem offen, wie das Produkt für die Gesellschaft (Mehrprodukt) in der Geldform zu fixieren ist. In den Vorbesprechungen war von mir auf dieses Problem hingewiesen und gezeigt worden, welche Schwierigkeiten einer Lösung des Problems entgegen stehen. Es muß jedoch betont werden, daß uns dieses Problem nicht daran hindern darf, schon jetzt eine für die sozialistische Wirtschaftspraxis hinreichend genaue Nutzeffektbestimmung zu verwirklichen. Das ist durchaus möglich auf der Grundlage der Selbstkosten.

Prof. BOIE: Herr JANTE sagte, der Vorschlag von Herrn HILDEBRAND würde uns sehr nahekommen, weil wir die Prozente haben, die wir brauchen. Das dürfte die Verhältnisse nicht richtig treffen. Wir Wärme-Ingenieure sind früher als Kalorienjäger verspottet worden. Wenn wir wirklich Kalorienjäger wären, würden wir uns einen sehr niedrigen Prozentsatz wünschen. Dann würden wir lieber sagen: Spare Kalorien — koste es, was es wolle! Aber weil wir uns bemühen, ökonomisch zu denken, so stehen wir auf dem Standpunkt, daß dieser Umrechnungsfaktor höhere Werte annehmen muß, weil irgendwo ein Optimum liegt. Das Geld ist uns im Augenblick wertvoller als die Kalorien, wenn auch die Kalorie eine Mangelware darstellt. Ich glaube, Herrn HILDEBRANDS Weg sollte die Grundlage für die weiteren Überlegungen bilden. Wir müssen von dem zusätzlichen Aufwand zwischen 2 Projekten und der hierdurch entstandenen Einsparung ausgehen. Das ist das, was Sie mit Produktivität bezeichnen. Wenn dieser Wert positiv bleibt, nennen wir das Projekt noch wirtschaftlich. Aber darauf kommt es nicht allein an, sondern es muß im Vergleich zu anderen Kapital-Investitionen wirtschaftlich sein. Der Ingenieur im Betrieb wird immer Verbesserungswünsche haben und es wird eine Flut von Investitionswünschen an das Ministerium gelangen. Es sollte angestrebt werden, daß die Betriebe schon von sich aus durch eine Wirtschaftlichkeitsuntersuchung in der Lage sind, die volkswirtschaftlich nicht verantwortbaren Wünsche von vornherein auszuschalten. Es müßten dabei zum mindesten die Mehrinvestitionen einen solchen Nutzen einbringen, wie es auf anderen Gebieten der Produktion (es brauchen nicht Elektrizitätswerke zu sein) möglich ist. Wenn man bei den Kraftwerken bleiben will: Beim Aufstauen der Elbe durch eine Vielzahl von Wehren könnte man Strom erzeugen. Der laufende Aufwand an Betriebsstoff ist praktisch Null, der Kapitalaufwand ist enorm. Und wenn man bedenkt, daß es sich meist dabei um Bauten handelt, die man auf etwa 100 Jahre abschreiben könnte, so wird hinsichtlich der maschinentechnischen Einrichtung ein Abschreibungssatz von insgesamt 1,4% herauskommen. Dann könnte es passieren, daß der Ausbau der Elbe als Fluß-Wasser-Kraftwerk rentabel erscheint. Er kostet aber Milliarden, die auf 100 Jahre festgelegt sind, während der gleiche Investbetrag eine ungeheure Förderung der übrigen Industrie darstellen könnte.

Prof. JANTE: Wenn wir uns vergegenwärtigen, daß die Investmittel vergegenständlichte Arbeit sind und daß wir diese Arbeit kurzfristig leisten müssen, dann brauchen wir also für große Investsummen ein großes Arbeitsvolumen (während die Betriebskosten langfristig vorgesehenen Arbeitsaufwand darstellen). Insgesamt haben wir eine bestimmte Produktionskapazität. Je nach dem, wie man den Umrechnungsfaktor festlegt, wird sich das Optimum ändern.

Prof. BEHRENS: Es scheint, als wenn es nicht nur ein Streit der Fakultäten ist, sondern auch ein Streit innerhalb der Fakultäten. Aber das scheint nur so. Ich war zu einem ähnlichen Ergebnis gekommen wie Herr HILDEBRAND, allerdings auf etwas anderem Wege. Wir waren bei unserer Diskussion von den Selbstkosten ausgegangen. Vielleicht wäre es richtiger, statt von den Selbstkosten von den Produktionskosten auszugehen. Nicht, was die Produktion dem Betrieb kostet, sondern was die Produktion der Gesellschaft kostet, ist — erscheint mir — für die Projektierung und die Nutzeffektberechnung wichtig. Die gesellschaftlichen Produktionskosten sind gleich dem Wert, wobei der Wert schwer zu errechnen ist. Aber der Wert ist im Preis gegeben und der Preis entspricht etwa dem Wert. Wenn man also statt von den Selbstkosten von den Produktionskosten ausgehen will, müßte man zu den Selbstkosten einen Aufschlag rechnen, der etwa dem Reineinkommen entspricht. Die Schwierigkeit ist nur, wie wird die Akkumulationsrate berechnet? Man könnte vom Zweig ausgehen oder von der Gesamtwirtschaft. Im Durchschnitt muß im Laufe der Reproduktion die Akkumulation produziert werden. Diese Akkumulationsrate darf nicht in die Selbstkosten einkalkuliert werden. Ich würde bei den Selbstkosten bleiben und würde eine Akkumulationsrate auferlegen, wobei die Akkumulationsrate volkswirtschaftlich bestimmt werden müßte. Beim Beispiel von Herrn BOIE sehe ich noch nicht klar. Wenn man die Erzeugung von Strom durch Wasserkraftwerke ausbaut, muß man vom wirtschaftlichen Bedarf ausgehen. Das ist entscheidend. Dann würde sich schnell herausstellen, daß die Produktionskosten beträchtlich höher sind als bei einer Rechnung von den Selbstkosten aus gesehen. Bei der Berechnung also nicht mehr von den Selbstkosten ausgehen, sondern Selbstkosten + Akkumulationsrate vergleichen.

Prof. BOIE: Ich habe bei meinem Beispiel vorausgesetzt, daß die gleichen Selbstkosten gegenüber einem Wärmekraftwerk erreichbar wären. Das ist im Fall Elbe anzuzweifeln. Aber wenn man mit der Abschreibung weit herunter geht, wird dieser Punkt einmal erreicht, nämlich dann, wenn die Abschreibung Null wird. Und wenn man ½ Prozent rechnet, dann kommt eben doch noch eine Senkung der Selbstkosten heraus. Das ist die Frage der Höhe dieses Umrechnungsfaktors. Wie man ihn bezeichnet, interessiert uns Ingenieure weniger. Dann wäre auch darauf hinzuweisen, daß es nur darum geht, eine Berechnungsgrundlage für die Wirtschaftlichkeit zu finden. Diese braucht nicht übereinzustimmen mit der späteren Betriebskostenabrechnung. Wenn man in beiden Fällen gleichartig rechnete, wäre es schön, aber für unsere Betrachtung jetzt nicht unbedingt notwendig.

Prof. JANTE: Es kommt also auf die Prozente an. Wie man sie nennt, ist nebensächlich. Herr BORDAG sollte die Theorie dazu zurecht zimmern. Kapitalzinsen, wie sie früher üblich waren, lagen im Profit begründet. Wir brauchen etwas analoges auch in der sozialistischen Wirtschaft, um zum Optimum zu kommen.

Prof. BORDAG: Nicht immer, sondern nur in ganz speziellen Fällen, könnte es notwendig werden, zu einer Berechnung des Mehrproduktes zu greifen. Wenn an Selbstkosten eingespart wird, wird in der Regel auch gleichzeitig an gesellschaftlichen Produktionskosten eingespart. Die Notwendigkeit, den dritten Wertbestandteil in Geld zu berechnen, würde nur in solchen Fällen vorliegen, wo an Selbstkosten nicht eingespart wird, wohl aber an gesellschaftlichen Produktionskosten. Solche Fälle sind denkbar. Jedoch kann man nicht einverstanden sein mit den Diskussionsbeiträgen, die unterstellen, daß die Berechnung des Nutzeffektes auf der Grundlage der Selbstkosten in jedem Falle und damit prinzipiell falsch sei. Es gibt nur wenige Fälle, bei denen die gesellschaftlichen Produktionskosten zugrunde gelegt werden müssen. Vielleicht ist das, was Herr BOIE erwähnte, ein solcher Fall. Das ist jedoch keineswegs die Mehrzahl unserer Investitionsfälle.

Prof. BEHRENS: Herr BORDAG hat recht, wenn er sagt: Wenn eine Senkung der Selbstkosten stattfindet, erfolgt auch eine Senkung der Produktionskosten. Sie sagen: Das „Kapital" ist knapp. Wir können zwar eine wunderbare Berechnung aufstellen und die Selbstkosten um 30 Prozent senken, aber das „Kapital" ist knapp. Infolgedessen müssen wir einen „Preis" für das „Kapital" einsetzen. Das ist eine der Planwirtschaft völlig wesensfremde Überlegung, weil in der Planwirtschaft das „Kapital" nicht nach der Knappheit, also nach den Zinsen, verteilt wird, sondern nach gesellschaftlichen Bedürfnissen. Es könnte sein, daß der Staat sagt: Selbstkosten werden zwar nur um 10 Prozent reduziert, aber wir wenden die Investitionen trotzdem auf, weil es der Entwicklung des gesellschaftlichen Bedarfes entspricht, und wir sind uns klar, daß wir die knappen Investmittel anderen Zweigen entziehen. Aber wir schlagen eine relativ hohe Akkumulationsrate auf die Selbstkosten und geben damit der Preisbildung einen Hinweis, daß die Preise nicht so schnell gesenkt werden sollten, wie es dem Wert entspricht. Dadurch findet eine Umverteilung des gesellschaftlichen Reineinkommens statt. Wir haben bisher völlig abstrahiert von der Preisentwicklung. Der Staat hat es in der Hand, die Preise langsamer zu senken als die Selbstkosten.

Prof. JANTE: Ob das Kapital billig oder teuer ist, das macht in kapitalistischen Ländern der Staat. Aber der Staat sind wir. Wenn der Staat das richtig machen soll, dann müssen wir dazu eine Methode haben. Wie macht man das?

Prof. BEHRENS: Hier treffen wir uns! Auch die Begründung ist von Bedeutung, denn die Begriffe spiegeln die Wirklichkeit wider. Es ist wichtig, daß man auch die ökonomische Begründung richtig durchführt. Man spricht nicht von „Kapitaldienst" im Sinne des Preises für „Kapital".

Prof. JANTE: Wir haben zwei Ergebnisse: Einmal Selbstkosten und einmal einschließlich Akkumulationsrate den Preis. Wonach sollen wir gehen?

Prof. BORDAG: Wenn die Selbstkosten je Produkt in einem neu errichteten Betrieb geringer sind, dann ist in der Regel die Senkung der Selbstkosten zugleich eine Senkung der gesellschaftlichen Produktionskosten.

Prof. JANTE: Sie machen es sich durch diese Voraussetzung etwas bequem. Dem Bestehenden stellt man ein besseres Neues gegenüber, aber beim neuen Kraftwerk steht die Frage, sollen wir das Kraftwerk investsparsam oder verbrauchssparsam machen?

Prof. BORDAG: Einen Vergleich von Kraftwerksprojekten hatte Herr HILDEBRAND an praktischen Beispielen erläutert. Nicht das Suchen nach einem Zins oder Umrechnungsfaktor sollte im Vordergrund stehen, sondern die Fragestellung: Wie soll man die einzelnen Daten (baulicher Teil, technologischer Teil usw.) der verschiedenen Projekte vergleichen; was muß an den Projekten verbessert werden, um zur optimalen Lösung (niedriger Investaufwand, große Erzeugnissteigerung, niedrige Selbstkosten) zu kommen?

Prof. HILDEBRAND: Nicht jede Kostensenkung ist auf jeden Fall volkswirtschaftlich noch berechtigt. Diese würde in einem solchen Varianten-Vergleich unter Beibehaltung nur für die Selbstkosten 3,5 Prozent der Abschreibung betragen. Ich könnte jetzt bei Importen von hochlegierten Stählen auf 2000 kcal/kWh herunterkommen, aber es kostet die doppelte Investsumme. Wir könnten uns mit 2800 kcal begnügen und brauchten nichts an austhenitischen Stählen hineinzustecken.
Zu den beiden Einwürfen von Herrn BORDAG: Ich möchte ausdrücklich sagen, daß wohl die von mir genannten Prozente dem Kapitaldienst nahekommen. Um die Höhe der Prozente geht es jedoch nicht. Meine Absicht lag darin, anhand der Produktionsverhältnisse und der Gesetzmäßigkeiten eine Begründung zu bringen.
Wir hatten bisher bei den gesamten Produktionskosten die Akkumulation, eben die erwähnte Reproduktion, nicht beachtet. Das geht nur über den Umrechnungsfaktor. Die Kritik am Objekt mit Hilfe des Kennziffernsystems selbst bleibt davon unberührt. Sie muß nach wie vor auf die Arbeitsproduktivität, den volkswirtschaftlichen Nutzen auf Grund der planmäßigen Entwicklung des Bedarfes ausgehen. Abweichungen bedürfen der konkreten realen Begründung. Volkswirtschaftliche Begründung ist: daß die Kohle bei uns einen ganz bestimmten Charakter hat; sie ist minderwertig. Das spielt eine Rolle. Weil wir so viel vorhaben beim Aufbau des Sozialismus: Mangel an Arbeitskräften. Unter Umständen nehmen wir deshalb eine höhere Investsumme in Kauf, um mit einem Bedienungsfaktor von 1 Mann je MW auszukommen. Wir würden bewußt darüber hinausgehen, wo nicht mehr $\leqq 1$ ist. Es gibt strategische Gründe usw. Das bleibt alles davon unberührt.

Dr. SCHMIDT: Man darf unterstellen, daß die Teilnehmer der Aussprachen völlig einig sind über die Tatsache und über die Ursachen der gesamtwirtschaftlichen Anarchie der kapitalistischen Produktionsweise. Die prinzipielle Überlegenheit der sozialistischen Planwirtschaft auf der Grundlage des gesellschaftlichen Eigentums ist unwidersprochen. Daran ändern auch bestimmte Fehler in der Planmethodik, die in der Vergangenheit oftmals die Arbeit des Praktikers erschwerten, nichts. Die Teilnehmer sind sich vielmehr darüber im klaren, daß es darum geht, diese Fehler sachkundig auszuschalten, um die sozialistische Planwirtschaft mit ihren Vorzügen noch stärker als bisher beim Aufbau des Sozialismus zur Geltung zu bringen. Das Bemühen, bestimmte ökonomische Vorgänge besser und exakter zu erfassen, ist einzig dem genannten Ziel untergeordnet. Die Teilnehmer sind sich darin einig, daß das Ringen um bessere ökonomische Gestaltung eben in diesem Sinne und nicht etwa im Sinne einer Restauration der überwundenen kapitalistischen Produktionsweise zu werten ist.

Im wesentlichen haben sich zwei Fragen als noch nicht zufriedenstellend geklärt erwiesen. Auf ihre Einsicht müßte die Diskussion weiterhin gerichtet sein. Während einerseits die gesamtwirtschaftliche Anarchie im Kapitalismus unwidersprochen ist, folgen nicht alle Teilnehmer mit gleicher Konsequenz, wenn es um die Gestaltung des einzelnen kapitalistischen Betriebes geht. Anhaltspunkt dafür sind solche Auffassungen, daß es in den kapitalistischen Betrieben exakte Daten über die Berechnung der Wirtschaftlichkeit gegeben hätte, oder daß zum Beispiel die Entwicklung der Produktionsbetriebe im Kapitalismus und im Sozialismus technisch in der gleichen Richtung verläuft. Was die konkreten Daten der Wirtschaftlichkeitsrechnungen im kapitalistischen Betrieb anbetrifft, so sollte hier noch einmal der Hinweis auf die Marktbezogenheit des einzelnen Betriebes erfolgen. Das Resultat der Produktionstätigkeit (die Realisierung der Produkte) ist vorher nicht oder nur partiell übersehbar. Die Unsicherheit der Gesamtwirtschaft teilt sich dem einzelnen Betrieb mit und wirkt sich in ihm unmittelbar aus. Von exakten Daten kann man bei dieser Situation der Zufälligkeiten überhaupt nicht sprechen. Man könnte es nur insoweit, wie sie als dem Betriebsökonom vom Unternehmer subjektiv vorgeschriebene Rechengrößen betrachtet werden, ohne daß ihr ökonomischer Inhalt näher untersucht wird. Mit diesen Rechengrößen kann der Projektant zwar exakt rechnen, aber seine Aussagen sind notwendigerweise zufällig und nur für den einzelnen Betrieb brauchbar, wenn man den Terminus „brauchbar" nicht so wörtlich nimmt. Mit solchen Rechengrößen ist in einer sozialistischen Planwirtschaft offenbar nichts anzufangen.

Die gleichartige technische Entwicklung von Produktionsstätten im Kapitalismus und im Sozialismus ist keineswegs ein Phänomen und auch kein schlüssiger Beweis für die Gleichartigkeit der ökonomischen Betrachtungsweise in bezug auf den Betrieb in beiden Gesellschaftsordnungen. Unabhängig von der besonderen Gestalt der Produktionsweise wirkt in der Gesellschaft das Gesetz von der Ökonomie der Zeit. Dieses Gesetz widerspiegelt die allgemeine Tendenz der steigenden Arbeitsproduktivität. Es wirkt unter anderem sowohl im Kapitalismus als auch im Sozialismus. Es setzt sich nur auf die verschiedene Art und Weise durch. Im Kapitalismus zwingt die Konkurrenz den einzelnen Unternehmer, den Kostpreis (die Selbstkosten) der Produktion zu senken, um bei gegebenem Preisniveau einen über den Durchschnitt hinausgehenden Profit zu erzielen oder um nach geringer Preiskorrektur nach unten den Markt zu beherrschen. Im Sozialismus existiert ein formal ähnlicher Vorgang, indem nämlich ebenfalls ständig die Selbstkosten gesenkt werden, um — im Gegenteil zum Kapitalismus — die Preise ständig zu senken und damit das Realeinkommen der Konsumenten zu erhöhen. Der grundlegende Unterschied besteht jedoch darin, daß der Vorgang im kapitalistischen Betrieb nicht den Vorgang der Gesamtwirtschaft darstellt, sondern daß gerade die Spontaneität bei der Entwicklung des einzelnen Betriebes in großem Maße zur Vernichtung von anderen Produktionsstätten und Produkten führt und damit ohne Rücksicht auf die Bedürfnisse der Menschen erfolgt. Die Existenz des sogenannten Geschäftsgeheimnisses läßt dabei eine Verallgemeinerung der technischen Entwicklung nur beschränkt wirksam werden. Das Gesetz der Ökonomie der Zeit wird in seiner Wirksamkeit durch ungleichmäßige Entwicklung der Zweige, durch Rückschläge, durch Krisen und damit durch die Anarchie des Kapitalismus in seiner Wirksamkeit gehemmt. Das schließt nicht aus, daß sich ein bestimmter Betrieb technisch und ökonomisch in starkem Maße entwickelt. Was im Kapitalismus im einzelnen durch den Konkurrenzkampf sichtbar wird, das kann und muß im Sozialismus der allgemeine Zug sein. Will man also den Bedürfnissen der Gesamtwirtschaft gerecht werden, so muß man offenbar mit neuen Maßstäben rechnen.

Die Erläuterung der prinzipiellen Richtung bei der Ermittlung des Nutzeffekts von Investitionen unter sozialistischen Produktionsverhältnissen und andere in dieser Richtung liegende Diskussionsbeiträge ließen erkennen, daß die Berechnung des Nutzeffekts auf der

Basis der Selbstkosten erfolgt, wobei als Kosten der Anlage lediglich die Abschreibungen Berücksichtigung finden. Es wurde von einigen Diskussionsteilnehmern der technischen Disziplinen die Befürchtung geäußert, daß dieser relativ niedrige Abschreibesatz zwangsläufig dazu führen muß, daß die nicht unbeschränkt vorhandenen Investitionsmittel dabei auf derart kostspielige Objekte gelenkt werden, die unseren ökonomischen Möglichkeiten nicht entsprechen. Es wäre richtiger, neben den Abschreibungen einen weiteren Umrechnungsfaktor der Anlagekosten in die Kalkulation aufzunehmen. Das würde der alten Methode der Kalkulation mit Hilfe eines Kapitaldienstes entsprechen, wobei es klar wäre, daß es sich um eine Kategorie mit grundsätzlich anderem Inhalt handeln würde. Es wäre so etwas wie der „Preis der zur Verfügung stehenden Mittel". Ein solcher Faktor könnte zum Ausdruck bringen, daß es im Augenblick günstiger wäre, ein Objekt mit niedrigen Anlagekosten und hohen laufenden Betriebskosten anstelle eines Objektes mit hohen Anlagekosten bei niedrigen Betriebskosten zu wählen. Hierzu ein klärendes Beispiel: Der Jahresbedarf an einem Erzeugnis beträgt 100000 Stück. Diese kosten insgesamt auf Grund der bestehenden Festpreise 10 Mill. DM. Zur Auswahl stehen zwei Objekte. Die Fabrik A umfaßt 100 Mill. DM Investkosten, die Fabrik B dagegen 50 Mill. DM. Die Betriebskosten verhalten sich umgekehrt zueinander. Es wird bei beiden Fabriken mit einem Abschreibungssatz von 5% gerechnet. Die Materialkosten bleiben bei beiden Varianten gleich hoch. Die Kalkulation (vereinfacht) weist folgende Merkmale auf:

A =	Abschreibungen	5 Mill. DM
+	Material	1 Mill. DM
+	Lohn	2 Mill. DM
+	Gewinn	2 Mill. DM
	Insgesamt	10 Mill. DM

B =	Abschreibungen	2,5 Mill. DM
+	Material	1,0 Mill. DM
+	Lohn	5,0 Mill. DM
+	Gewinn	5,0 Mill. DM
	Insgesamt	13,5 Mill. DM

(Der Gewinn wird in gleicher Höhe wie der Lohn angegeben, da in beiden Fällen das Mehrprodukt zum notwendigen Produkt mit 100% angegeben werden muß.)

Das Ergebnis zeigt, daß die Wertrechnung der Erzeugnisse in Fabrik B einen Wert ermittelt, der merklich über dem bisherigen Festpreis liegt. Wollte man zu dieser Variante greifen, ohne den Festpreis zu verändern, so müßten zwangsläufig in anderen Zweigen Preissteigerungen vorgenommen werden. Es wird in beiden Varianten fälschlich unterstellt, daß der Abschreibungssatz gleich hoch sei. Eine solche Unterstellung ist unhaltbar, denn der ökonomische Verschleiß bei B ist auf Grund der dort offensichtlich verwandten rückständigen Technik ungleich größer als bei der Variante A. Würde man dagegen mit einem diese technische Rückständigkeit beachtenden Abschreibungssatz von 10% kalkulieren, so würde der Wert der Erzeugnisse noch höher liegen beziehungsweise bei einer Unterstellung von nur 2 Mill. DM Gewinn, wie bei Variante A, ebenfalls den Wert wesentlich über dem Preis liegen. Dagegen weist die Variante A einen hohen Grad der Arbeitsproduktivität auf, denn es liegt bei einer Selbstkostensenkung insgesamt eine fortschrittliche Relation zwischen vergegenständlichter und lebendiger Arbeit vor.
Was würde ökonomisch der angeblich notwendige Umrechnungsfaktor darstellen?

Er wäre lediglich eine Kalkulationsgröße, der keine Kosten zugrunde liegen. Man würde ihn durch die Kalkulation den Selbstkosten zuschlagen, ohne daß er Selbstkostencharakter trägt. Der Preis der Erzeugnisse setzt sich aber zusammen aus den Selbstkosten und dem Gewinn. Der Umrechnungsfaktor wäre somit nichts anderes als ein auf die Anlagen von vornherein kalkulierter Gewinn, der seinem Wesen nach mit dem im Kapitalismus verwandten Durchschnittsprofit identisch ist. Im Kapitalismus dient die Kalkulation mit dem Durchschnittsprofit dem individuellen Kapital als dem einzig möglichen Gesichtspunkt des Investors. Interessant ist für ihn nur die Einzelrentabilität, da es eine Kategorie der volkswirtschaftlichen Rentabilität im Kapitalismus überhaupt nicht geben kann. Im Sozialismus dagegen ist der oberste Gesichtspunkt bei der Auswahl von projektierten Varianten die Förderung der Gesamtwirtschaft, die auf eine ständige Einsparung an Arbeit hinausläuft. Das ökonomische Grundgesetz des Sozialismus verlangt eine ständige Erweiterung und Vervollkommnung der Produktion auf der Basis der fortschrittlichen Technik. Die Anwendung rückschrittlicher Technik wäre ein Verstoß gegen dieses Grundgesetz. Eine Entscheidung darüber, ob eine Variante mit hohen Investkosten bei niedrigen Betriebskosten oder die Variante mit niedrigen Investitionskosten bei hohen Betriebskosten ausgewählt wird, ist stets vom Standort der gesamtwirtschaftlichen Anforderungen und nicht mit Hilfe eines Umrechnungsfaktors zu fällen. Selbstverständlich ist der mit den Varianten erzielte Gewinn von großem Interesse — Herr HILDEBRAND führt in seinem Variantenvergleich eine solche Kennziffer (34) an —, er ist jedoch unter keinen Umständen allein geeignet, den Ausschlag bei der Entscheidung zu geben.

Prof. JANTE: Uns geht es zunächst um das einzelne Projekt. Wenn Sie von der Anarchie des Kapitalismus sprechen, so sehen wir bei uns die Wachstumsschwierigkeiten des Sozialismus. Wir sitzen hier zusammen, um diese etwas zu bereinigen. Sie können nicht sagen, daß durch eine Akkumulationsrate die Investmittel zu leicht auf andere Gebiete abgeschoben werden. Wir haben den Plan, müssen die Bedürfnisse befriedigen. Die Aufgabe besteht. Ganz gleich, ob sich durch andere Industriezweige ein größerer Gewinn erzielen läßt. Wenn wir volkswirtschaftliche Pläne erfüllen müssen, haben wir verschiedene Möglichkeiten. Wo ist dabei dann das Optimum? Das ist für das einzelne Projekt die ganz konkrete Frage. Rechnen wollen wir. Mit Ihren Begriffen können wir nicht rechnen. Wo ist die Rechenmethode, damit wir im einzelnen optimal projektieren können?

Dr. SCHMIDT: Es kann niemals *eine* Kennziffer sein.

Prof. JANTE: Und wenn es mehrere sind, wo sind die verschiedenen Kennziffern? Welchen Maßstab legen wir an, um das Optimum herauszuarbeiten? Bewertung oder Überbewertung der einen oder anderen Kennziffer, ob in Worten genannt oder in Maßstäben gerechnet — es kommt immer wieder ein Umrechnungsfaktor heraus. Die Begründung ist eine andere Sache. Aber der Weg — wie bei Herrn BEHRENS über Akkumulationsrate, oder Wachstumsrate von Herrn HILDEBRAND — das ist uns gleich. Wir möchten diese Rechenmethode haben, um beim einzelnen Projekt etwas ökonomisch Optimales herauszubekommen, damit in Zukunft nicht bei jedem Projekt sich die Maschinenbauer mit den Ökonomen auseinandersetzen müssen.

Prof. PAUER: Die Vorschläge der Herren HILDEBRAND und BEHRENS führen zu dem gleichen Ergebnis, das wir anstreben, nämlich zu einer stärkeren Bewertung der Investmittel und regen daher zu ihrer sparsameren Verwendung an. Ich möchte aber ausdrücklich auf die Grenzen hinweisen, die jeder Wahl nach dem Gesichtspunkt größter Wirtschaftlichkeit gesetzt sind. So verlangt die Erhöhung der Arbeitsproduktivität den Übergang zur Auto-

matisierung auch in Fällen, wo hierdurch Mehrkosten entstehen. Wirtschaftlichkeitsberechnungen können nur innerhalb der Grenzen entscheidend sein, die durch technische und wirtschaftliche Gegebenheiten gezogen werden. Man sollte sich aber in den Fällen, in denen solche Grenzbedingungen zu einer Abweichung von der wirtschaftlichen Lösung führen, prüfen, ob der hierdurch bedingte Mehraufwand gerechtfertigt ist.
Ein Punkt kam in der Diskussion noch nicht genügend zum Ausdruck. Wegen des sehr niedrigen Abschreibungssatzes kann es sehr lange dauern, bis der Mehraufwand an Investmitteln aus den Ersparnissen zurückgewonnen werden kann. Die Umlaufgeschwindigkeit der Investmittel wird also sehr gering. Beim Berg- und Hüttenmännischen Tag in Freiberg kam z. B. zur Sprache, daß die vorgeschriebenen Abschreibungszahlen teilweise so gering sind, daß eine Abschreibung innerhalb der Lebensdauer der Anlage überhaupt nicht möglich ist. Das führt dann dazu, daß ein Teil der Investmittel verloren ist. Außer einem Faktor für die Reproduktion sollten also auch die jetzt gültigen Abschreibungssätze überprüft werden.

Prof. Boie: Ich komme auf das Beispiel von Herrn Schmidt zurück. Es ist klar und anschaulich. Es zeigt doch, daß wir uns einig sind, daß neben der Senkung der Kosten noch andere Dinge mit eine Rolle spielen. Der Unterschied gegenüber unserer Auffassung besteht darin, daß hier ein Gewinn aus lebendiger Arbeit einkalkuliert wird, während wir einen Gewinn aus vergangener Arbeit einsetzen. Ich kann nicht einsehen, daß es sozialistisch sei, mit einem Gewinn lebendiger Arbeit, und daß es kapitalistisch sei, mit einem Gewinn aus vergangener Arbeit zu rechnen. Ich bin selbst 5 Jahre in einer SAG tätig gewesen. Selbstverständlich wurde keine Dividende gezahlt. Man zahlte Pacht. Das war praktisch dasselbe, Pacht auf das Anlagekapital. Auch veränderte man die Pachthöhe nach Bedarf. Zur Abschreibungsfrage ist noch wichtig: Die gesetzlichen Abschreibungssummen richten sich nach der Art des abzuschreibenden Gegenstandes. Das ist nicht immer richtig. Ein Fundament schreiben wir als baulichen Gegenstand mit z. B. 2% ab und die darauf stehende Turbine mit ca. 4%. Nach 25 Jahren ist der Stand der Technik so fortgeschritten, daß wir andere Turbinen bauen. Wenn nach 25 Jahren die Turbine abgebrochen wird, muß das Fundament mit weg. Man müßte zum mindesten das Fundament mit als Teil der Maschine betrachten, weil es die gleiche moralische Abwertung mit erfahren muß. Leider ist es in bezug auf die Abschreibungshöhe umgekehrt wie es Kollege Schmidt sagt. Die neuen Maschinen sind rascher abzuschreiben als die alten. Bei der alten Maschine hat man mit hohen Sicherheiten gerechnet und robust gebaut. Bei der neuen ist der Werkstoff höher beansprucht, so daß die Bauteile viel rascher dem Verschleiß unterworfen sind als das früher der Fall war.

Prof. Bordag: Die bisher geführte Diskussion hat sich auf drei Fragen konzentriert. Bei der ersten Frage möchte ich an die Ausführungen von Herrn Pauer anknüpfen, der betonte, daß die volkswirtschaftlichen Belange eine große Rolle spielen und die allseitige Bestimmung des Nutzeffektes nicht in nur einer einzigen Kennziffer zum Ausdruck gebracht werden kann. Die Bestimmung des Nutzeffektes im Sozialismus muß eine Einheit aus der Erwägung volkswirtschaftlicher und betriebsökonomischer Gesichtspunkte sein: nur rechnerisch-ökonomische Gesichtspunkte (das Wertgesetz) — auch wenn statt von den Selbstkosten von den gesellschaftlichen Produktionskosten ausgegangen wird — reichen nicht aus. Erst innerhalb der vom Gesetz der planmäßigen (proportionalen) Entwicklung bestimmten Verteilung der Investitionsmittel wird der betriebliche ökonomische Nutzeffekt zum Kriterium. Das Primat in dieser Einheit haben die volkswirtschaftlichen Belange. Über diese Frage sind wir uns einig.
Die zweite Frage betrifft die Abschreibungssätze der neu errichteten Anlage. Auch hier stimme ich Herrn Pauer zu. Sind die Abschreibungssätze zu niedrig, werden auch die Selbstkosten zu niedrig. Der Nutzeffekt (beim Vergleich von Aufwand und Einsparung) erscheint

größer als er tatsächlich ist. Die Forderung, daß wir Abschreibungssätze brauchen, die durch technischen und ökonomischen Verschleiß bestimmt sind, unterstütze ich. Es ist aber nicht notwendig, den Abschreibungssätzen darüber hinaus irgend einen Zinssatz hinzuzurechnen, um die Investitionsmittel künstlich zu verteuern. Auch über diese Frage besteht wohl Einmütigkeit (Einwurf: Nein!).

Die dritte Frage betrifft das Problem, ob die betriebliche Nutzeffektbestimmung auf der Grundlage der Selbstkosten oder der gesellschaftlichen Produktionskosten (also unter Einbeziehung des Geldausdruckes des Produktes für die Gesellschaft) aufgebaut sein soll. Wird die Frage bejaht, wie es Herr HILDEBRAND vorschlägt, bleibt als weiteres Problem, wie das geschehen kann. Das ist ein von der ökonomischen Wissenschaft noch nicht gelöstes Problem. Man kann untersuchen, welche Wege praktisch zur Fixierung des Geldausdruckes des Produktes für die Gesellschaft eingeschlagen werden können, etwa über eine Rate des Produktes für die Gesellschaft oder einer auf den Zweig bezogenen Rate. Soll die Rate nur auf die lebendige Arbeit oder die lebendige vergegenständlichte Arbeit in den Selbstkosten bezogen werden? Diese dritte Frage ist noch offen. Hierzu müssen erst noch Untersuchungen angestellt werden.

Wenn wir uns über diese drei Fragen und die gegebene Beantwortung einigen könnten, wären wir einen Schritt weiter gekommen. Mit der dritten Frage ist für die Wirtschaftswissenschaftler eine Aufgabe aufgezeigt. Andererseits haben die Wirtschaftswissenschaftler — besonders mit der Beantwortung der ersten Frage — einiges gesagt, wie die Vertreter der technischen Wissenschaften an die Bestimmung des Nutzeffektes herangehen können.

Herr JANTE greift nur das noch offene Problem auf. Zunächst sollten wir gemeinsam die Verbesserung der bisher im Sozialismus gebräuchlichen Methode der Nutzeffektbestimmung auf der als richtig anerkannten Grundlage (bessere Bedarfsbefriedigung durch Steigerung der Produktion, sparsamer Aufwand an Investitionsmitteln durch Variantenvergleich, betriebliche Rechnung auf der Basis der Senkung der Selbstkosten) anstreben. Allein die exakte Ausarbeitung von volkswirtschaftlichen Gutachten und der sorgfältige Vergleich verschiedener Projekte, sowie die genauere Bestimmung der Selbstkosten (genauere Abschreibungssätze, Beseitigung von Unterschieden im Geldausdruck und effektivem Verbrauch an Rohstoffen und Arbeitszeit, genauere Erfassung der Gemeinkosten u. ä.) wird die Nutzeffektbestimmung genauer werden lassen. Die konsequente Anwendung der sozialistischen Methode der Nutzeffektbestimmung in ihrem gegenwärtigen Erkenntnisstand ist bereits ein bedeutender Fortschritt gegenüber kapitalistischen Wirtschaftlichkeitsrechnungen. Ein noch nicht gelöstes Problem neben einer im Prinzip richtigen Methode darf uns nicht daran hindern, Entscheidungen über Investitionsvorhaben aufzuschieben. Solche Entscheidungen müssen täglich in der Volkswirtschaft an den verschiedenen Stellen getroffen werden und die als Prinzip dargelegte Methode erlaubt es, diese Entscheidungen erfolgreich zu treffen.

Prof. JANTE: Mit dem was bis jetzt vorhanden ist, kommen wir noch nicht aus. Solange wir keine Kalkulationsmethode haben, solange rechnen die Maschinenbauer irgendwie wie die Kapitalisten, damit es nicht ganz schief geht. Wir warten auf Ihre Methode. Es muß aber bald geschehen. Zwecks Anwendung und der richtigen Verbreitung der Ökonomie im Maschinenbau warten wir darauf. Es besteht noch eine wesentliche Lücke und wir kommen aus dem Dilemma nicht heraus. Die Zwischenzeit wird überbrückt. Aber die Lösung dieses Problems ist sehr dringend. Wir haben 13 Jahre gewartet! Wie lange sollen wir noch warten? Selbst, wenn es noch korrigiert und verfeinert wird. Man sollte den Mut haben, eine Rechenbasis zu geben. Warum hat man keinen Mut da anzufangen? Hat einer von den Ökonomen oder jeder Angst, daß dann die anderen über ihn herfallen?

Prof. Bordag: Die von Herrn Jante geforderte Beschäftigung mit dem noch offenen Problem werden wir Wirtschaftswissenschaftler beherzigen. Man muß aber auch sehen, daß die marxistisch-leninistische Politische Ökonomie in Deutschland erst seit 1954 — praktisch noch später — die Möglichkeit hatte, an Hochschulen zu forschen und zu lehren. Wir haben noch nachzuholen. Wenn jedoch aus der Existenz eines noch offenen Problemes neben einer vorhandenen und im Prinzip richtigen Methode die Folgerung gezogen wird, daß, solange nicht auch dieses Problem geklärt ist, zur Methode der kapitalistischen Wirtschaftlichkeitsrechnung mit einem Zinssatz zurückgekehrt werden muß, widerspreche ich. Daß wir in der Bestimmung des ökonomischen Nutzeffektes auch mit der vorhandenen Methode dem Kapitalismus und seinen Wirtschaftlichkeitserwägungen weitaus überlegen sind, beweist die Tatsache, daß die sozialistischen Länder eine Zuwachsrate der Produktion haben, die drei- bis viermal höher ist als die der kapitalistischen Länder, selbst in der Zeit der Hochkonjunktur. Das ist ein realer Ausdruck der ökonomischen Kraft und des Nutzeffektes der sozialistischen Planwirtschaft. Es wäre nicht richtig, zu den kapitalistischen Methoden zurückzukehren; die hohe Zuwachsrate könnte nicht aufrechterhalten werden, die schnelle Aufwärtsentwicklung unserer Volkswirtschaft würde gehemmt.
Es wird hier unterstellt, daß das Forschungsergebnis bei der Beschäftigung mit dieser Frage unbedingt dazu führen wird, daß wir zu einem solchen Zuschlagsfaktor kommen. Das Ergebnis kann aber auch darin bestehen, daß wir feststellen, wir brauchen einen solchen Faktor nur in wenigen, nicht in der Mehrzahl der Fälle. Auch das kann das Ergebnis dieser Forschung sein. Insofern ist die Frage offen.

Prof. Elsner: Bezugnehmend auf den einleitenden Diskussionsbeitrag von Herrn Hildebrand darf ich feststellen, daß wir als Wärme-Ingenieure nach der gleichen Methode die Kostenberechnung durchführen, wie sie von Herrn Hildebrand dargelegt wurde. Vor allem ist aber mit diesem Diskussionsbeitrag die in der letzten Sektionssitzung in Niederwartha offen gebliebene Frage nach der Größe des Reproduktionsfaktors beantwortet worden. Die vorgenommene Korrektur dieses Faktors von 3 Prozent auf 12 Prozent entspricht durchaus unseren üblichen Annahmen.
Meine Frage, mit der ich mich vor allem an die anwesenden Damen und Herren der ökonomischen Fachrichtung wenden möchte, ist nun die: Sind Sie im Prinzip mit den Ausführungen von Herrn Hildebrand über die Regelung des Reproduktionsfaktors einverstanden oder lehnen Sie diese Ausführungen ab, weil sie Ihrer Meinung nach theoretisch nicht genügend begründet oder gar falsch sind? Ist das erstere der Fall, dann hätten wir einen gemeinsamen Nenner in unserer Diskussion gefunden, der sowohl vom Ingenieur wie auch vom Ökonomen anerkannt wird, obwohl wir uns alle darüber klar sind, daß von ökonomischer Seite noch manches der endgültigen Klärung bedarf.

Prof. Bordag: Der Lösung des Problems, wie sie von Herrn Hildebrand vorgeschlagen wird, kann ich nicht zustimmen, denn die von ihm angenommenen 8% sind weder theoretisch noch praktisch begründet.

Prof. Hildebrand: Ich habe nicht von Selbstkosten, sondern von Produktionskosten, also einschließlich des Mehrprodukts, des Produkts für die Gesellschaft, gesprochen.
Ich komme jetzt zum zweiten, von Herrn Bordag schon vorher vorgebrachten Zweifel. Um anhand eines Zahlenbeispieles besser demonstrieren zu können, habe ich — wie man Extreme zur Beweiskraft sucht — auf einen Industriezweig eingeengt, habe aber ausdrücklich offengelassen und abschließend die Frage aufgeworfen: Es ist zu untersuchen, inwieweit dieser zusätzliche Faktor für die erweiterte Reproduktion zur Ermittlung des genannten „Reproduktionsfaktors“ (einschließlich der Abschreibungsquote für die einfache Reproduktion des einzelnen Zweiges) von dem Tempo der erweiterten Reproduktion der gesamten

industriellen Produktion oder der gesamten gesellschaftlichen Produktion abgeleitet werden muß. Der jährliche Zuwachs (allerdings in DM!) der gesamten Industrieproduktion betrug zufällig gleichfalls 8%. Für die Erzeugung von Elektroenergie in Kraftwerken beträgt jetzt und für die nächsten Jahrzehnte diese jährliche Zuwachsrate an Verbrauch und bei gesetzmäßiger voller Befriedigung desselben auch der Produktionskapazität eben 8%. Das ist praktisch, statistisch und — wie Sie wollen — durch Interpolation bewiesen. Ein kapitalistisches Energieversorgungsunternehmen kann das nicht exakt und vor allem nicht in Übereinstimmung mit der Volkswirtschaft, weil es nur Bedarfsforschung im eigenen Absatzbereich treibt, die Elektroenergie aber im Verbund produziert und verteilt wird. Herr BORDAG warf selbst die Frage auf, ob mit Selbstkosten oder Produktionskosten der Nutzeffekt ermittelt werden soll. Ich habe meine Wahl des letzteren Weges begründet und auch das Wie versucht, praktisch zu beantworten und zu begründen.

Prof. BORDAG: Herr HILDEBRAND leitet den von ihm vorgeschlagenen Zuschlagsfaktor ab aus der jährlichen Zuwachsrate der Produktion im Zweig Energiewirtschaft, die er mit 8% annimmt. Diese 8% jährlicher Produktionszuwachs werden bezogen auf die gleich 100 gesetzten Selbstkosten, den Selbstkosten hinzugerechnet, um die gesellschaftlichen Produktionskosten zu erhalten. Aber, Rate des Produktionszuwachses und Selbstkosten sind doch zwei völlig verschiedene Kategorien und ergeben zusammen niemals die gesellschaftlichen Produktionskosten.

Prof. BEHRENS: Aus der Zuwachsrate des Zweiges wird ein Teil des Produktes für die Gesellschaft. Die Zuwachsrate ist 8 Prozent mengenmäßig. Und um eine solche Zuwachsrate von 8 Prozent jährlich zu haben, braucht man eine bestimmte Geldsumme.

Prof. BORDAG: Proportionale Entwicklung der Zweige heißt doch nicht, daß sich die Zweige zu allen Zeiten in gleichem Tempo mit gleichbleibender Zuwachsrate entwickeln. Das ändert sich mit dem Wachstum des verschiedenartigen gesellschaftlichen Bedarfs und der Akkumulationskraft, teils von Jahr zu Jahr, teils nach wenigen Jahren. Wir werden zum Beispiel in den nächsten Jahren eine sehr hohe Zuwachsrate in der chemischen Produktion haben. Nach Herrn HILDEBRANDs Methode müßte diese hohe Zuwachsrate, den Selbstkosten hinzugerechnet, hohe gesellschaftliche Produktionskosten ergeben und den Nutzeffekt der in der chemischen Industrie zu tätigenden Investitionen erheblich verringern. Wenn wir von dieser Rechnung ausgehen und sie zur Grundlage der Verteilung der Investitionsmittel in der Volkswirtschaft nehmen würden, bliebe das Chemieprogramm unerfüllt bzw. würde nur mit geringem Nutzeffekt ausgewiesen. Aber wir werden es doch gerade deswegen verwirklichen, weil es von großem Nutzen für unsere Entwicklung ist. Auch führt die Ableitung des Zuschlagsfaktors zu den Selbstkosten aus der Zuwachsrate der Produktion zu einem stetigen Schwanken dieses Faktors, weil sich die Zuwachsraten ändern, und läßt auch deswegen keine genauere Bestimmung des Nutzeffektes zu.

Prof. HILDEBRAND: Natürlich ist er variabel; ja, sogar die Abschreibungsquote ist variabel. Die Proportionen müssen in einer planmäßigen Wirtschaft doch ständig bewußt neu hergestellt werden. In 20 Jahren kann sich ein Faktor von 6 statt 8 Prozent ergeben. Dieser Fehler, den ich dabei begehe, wird aufgehoben, weil wir planmäßig arbeiten, ständig die Veränderung dieses Faktors feststellen. Leider ist diese auch wissenschaftlich begründete Methode noch nicht fertig. Da wir täglich und jährlich neue Kraftwerks-Kapazitäten investieren und bei jedem den neuesten proportionalen Zuwachsfaktor berücksichtigen, kann der Fehler nicht groß sein. Das nächste Kraftwerk bringt bereits die Korrektur.

Dr. SCHMIDT: Das würde bedeuten, daß nicht nur ständig neue Abschreibungsrichtlinien erlassen werden, die die jeweils ökonomisch begründeten Abschreibungsquoten verbindlich vorschreiben, sondern daß es dann ständig sich verändernder Richtlinien für die Höhe von solchen Zuwachsfaktoren bedarf, der Nutzeffektberechnungen zugrunde zu legen wären. So einfach läßt sich das Problem wohl kaum bewältigen.

Prof. JANTE: Wie Sie diesen Faktor ermitteln, sei Ihnen überlassen. Daß wir nicht verlangen, daß er 100 Jahre konstant bleibt, ist klar. Aber es geht darum, die Gefahr zu vermeiden, daß wir mit den heutigen Projekten sehr stark neben dem Optimum liegen. Es geht uns um die Frage: Können wir mit dieser Wachstumsrate (zunächst mit 8 Prozent) nach Hause gehen und können wir dabei das Bewußtsein haben, daß das nicht allzu schief geht und daß Sie von der ökonomischen Seite keine prinzipiellen Einwendungen dabei haben, sondern uns höchstens nach ½ Jahr sagen: Nehmt nicht 8 Prozent, sondern 7.

Prof. PAUER: Bei der Bewertung der Investmittel sollte nicht nur ihre Höhe, sondern auch die Zeit berücksichtigt werden, während der sie benötigt werden. Ein solcher Faktor wird dann ähnlichen Anreiz zum sparsamen Bauen geben wie der Zins. Es ist doch ein Unterschied — wie bei Herrn BOIES Beispiel —, ob wir die Investmittel bei einer Wasserkraftanlage erst nach 100 Jahren zurückbekommen oder wie bei Gasturbinen nach 10 oder 15 Jahren. Ich glaube, die Dauer, in der wir die Investmittel benötigen, müßte bei der Projektierung in Rechnung gezogen werden. Wir könnten dann auch zu einem geeigneten Faktor kommen.

Prof. ALBRING: Als ich diese Diskussion als Laie auf dem Gebiet der Ökonomie angehört habe, mußte ich an die nach dem Kriege neu entstandene Kraftwerksreihe am slovakischen Fluß Vaag denken, die ich in diesem Jahr besichtigen konnte. Dort ist das realisiert, was Herr BOIE als hypothetisches Beispiel einer an sich möglichen Ausnutzung der Wasserenergie der Elbe mit großem Bauaufwand bei nur verhältnismäßig kleiner Energieausbeute anführte. Solche Projekte erscheinen ratsam, wenn für die Investitionen eine niedrige Kapitalrate angesetzt wird.
An der Vaag wird mit 11 räumlich bedeutenden Kraftwerksanlagen eine Gesamtleistung von 300 MW gewonnen. Faktisch wird der Ausbau spürbare Einschränkungen anderer Staatsausgaben nötig gemacht haben. Wenn eine solche Anlage aber einmal erstellt ist, bedeutet sie natürlich in bezug auf die außerordentlich geringen Betriebskosten eine Überlegenheit gegenüber den zwar in der Anlage billigeren Wärmekraftwerken.
Das heute in der Diskussion gezeigte erste Diagramm des Herrn HILDEBRAND ist sehr instruktiv. Trägt man in dieser Art ein einfaches Beispiel auf, nämlich den Rohrleitungsdurchmesser D eines Wasserkraftwerkes als Abszisse und darüber die linear ansteigenden Reproduktionskosten (Anlagekosten) sowie die hyperbolisch mit dem Durchmesser abnehmenden Betriebskosten, so ergibt sich als Summe beider Kostenarten eine Kurve, die beim Minimum den optimalen Durchmesser zeigt. Wird für die Anlagekosten eine kleine Rate angesetzt, so wandert das Optimum zu großen Durchmessern, hoher Bauaufwand erscheint dann wirtschaftlich.

Prof. HILDEBRAND: Hier spielt natürlich die Frage des rein technischen Nutzeffektes eine Rolle. Die Slowakei hat nur minderwertige Kohle; in Rumänien wird es eines Tages nicht anders sein, daß man am „Eisernen Tor" große Wasserkraftobjekte mit hohen Investitionen in Angriff nimmt. Das ist ein in der reinen zahlenmäßigen Nutzeffektermittlung nicht quantitativ erfaßbarer Faktor.

Mit Dank an alle Diskussionsteilnehmer schließt Herr JANTE die Diskussion.

ALFRED JANTE

ENTWICKLUNGSPROBLEME DER KRAFTFAHRZEUGMOTOREN

Mitteilungen der Sektion für Maschinenbau

(ABHANDLUNGEN DER DEUTSCHEN AKADEMIE DER WISSENSCHAFTEN ZU BERLIN, KLASSE FÜR MATHEMATIK, PHYSIK UND TECHNIK JAHRGANG 1958, NR. 3)

1958. 38 Seiten — 38 Abbildungen — 2 Tabellen — 4° — DM 6,80

„Sehr konzentriert und sehr kritisch werden in dieser Schrift künftige Entwicklungsmöglichkeiten für Otto- und Diesel-Motoren beleuchtet. So werden für die weitere Entwicklung von Personenwagenmotoren Verminderung des spezifischen Kraftstoffverbrauches im Teillastgebiet gefordert, wenn man trotz höherer Leistungsreserven nicht zu höherem Verbrauch kommen will. Im Dieselmotor, der nach dem M-Verfahren arbeitet, kann ein gefährlicher Konkurrent entstehen, wenn es gelingt, das M-Verfahren auch auf kleinere Motoren und hohe Drehzahlen zu übertragen, ohne daß der spezifische Kraftstoffverbrauch höher wird. Die Einführung eines Turboantriebes für Personenwagen setzt recht scharfe betriebswirtschaftliche Berechnungen voraus, da nach A. Jante nicht unbedingt fahrmechanische Vorteile vorliegen. Lesenswert für jeden, der über die künftige Entwicklungslinie orientiert sein möchte.“

(Das Auto, Motor und Sport, Stuttgart)

Bestellungen durch eine Buchhandlung erbeten

THEORIA CUM PRAXI

AKADEMIE-VERLAG · BERLIN

Kolibri 360 GmbH
Ferdinand-Jühlke-Straße 7
99095 Erfurt, Deutschland
produktsicherheit@kolibri360.de